L'école Caku

CUPCAKE &
MUFFIN
BOOK

저자 **김다은**

한국외국어대학교에서 세르비아어를 전공했으나 어렸을 적 꿈을 따라 졸업과 동시에 이화여대 앞 컵케이크 전문점 '케이쿠'를 오픈해 8년간 운영했다. 그 후 제과를 공부하면서 생긴 궁금증을 해소하기 위해 프랑스로 떠나 에꼴 벨루에 꽁세이(Ecole Bellouet Conseil)에서 경험과 지식을 쌓은 후 한국으로 돌아와 '레꼴케이쿠'를 운영하고 있다. 지금도 여전히 프랑스 제과에 대한 호기심과 궁금증을 해소하기 위해 프랑스 과자를 공부하고 연구하고 있다. 저서로는 『프랑스 향토 과자: 프랑스로 떠나는 과자 여행』, 『레꼴케이쿠 쿠키 북』, 『레꼴케이쿠 플랑 & 파이 북』이 있다.

ⓞ @lccu_korea

blog 레꼴 케이쿠 LCCU (blog.naver.com/enjoydf)

▶ lecole caku

L'école Caku

CUPCAKE & MUFFIN BOOK

레꼴케이크 **컵케이크 & 머핀 북**

초판 1쇄 인쇄	2023년 12월 1일			
초판 1쇄 발행	2023년 12월 15일			

지은이	김다은		**주소**	경기도 부천시 조마루로385번길 122
펴낸이	박윤선			삼보테크노타워 2002호
발행처	(주)더테이블		**홈페이지**	www.icoxpublish.com
			쇼핑몰	www.baek2.kr (백두도서쇼핑몰)
기획·편집	박윤선		**인스타그램**	@thetable_book
디자인	김보라		**이메일**	thetable_book@naver.com
사진	박성영		**전화**	032) 674-5685
스타일링	이화영		**팩스**	032) 676-5685
영업·마케팅	김남권, 조용훈, 문성빈		**등록**	2022년 8월 4일 제 386-2022-000050호
경영지원	김효선, 이정민		**ISBN**	979-11-92855-04-2 (13590)

더 테이블
THE TABLE

레꼴케이쿠

컵케이크 & 머핀 북

김다은 지음

더 테이블
THE TABLE

PROLOGUE

정말 감사하게도 『프랑스 향토 과자』, 『레꼴케이쿠 쿠키 북』,
『레꼴케이쿠 플랑 & 파이 북』에 이어 네 번째 책이 나오게 되었습니다.

5년 전만 해도 제가 책 작업을 할 수 있으리라고는 상상도 못했기에
매번 주어지는 기회마다 감사한 마음, 그리고 마지막이라는 마음으로
열심히 임했던 것 같아요. 멋진 기회를 주신 더테이블 출판사,
그리고 앞선 책들을 사랑해주신 독자 분들께
이 자리를 빌려 감사의 인사를 전합니다.

주제가 다른 세 권의 책들을 써오면서 사실 제 나름에는
'한 사람이 너무 다양한 이야기를 하고 있는 게 아닌가'라는
고민도 있었는데요, 하지만 이번 책을 완성하면서
네 권의 책을 모아보니 제가 나누고 싶었던 이야기는
결국 하나였다는 걸 깨닫게 되었습니다.

저는 디저트를 만드는 과정과 시간이 어렵지 않고
즐거웠으면 해요. 그래서 더 많은 분들이
쉽게 베이킹에 도전하고, 직접 만든 디저트를 맛있게
즐겼으면 좋겠다는 마음으로 이 일을 하고 있어요.
제가 베이킹을 처음 시작했을 때 매일이 기대되고
얼른 친구들과 나눠 먹고 싶었던 것처럼요!

이번 책도 이전의 책들처럼 재미있게 읽어주시고
많이 만들어주셨으면 좋겠어요.
여러분들의 책장에서 손때 가득 묻은,
오래된 친구 같은 책이 되길 바랍니다.

2023년 11월
저자 김다은

Contents

BEFORE BAKING
이 책에서 사용하는 공통 레시피

L'école Caku CUPCAKE RECIPE
컵케이크

1

Vanilla Cupcake
바닐라 컵케이크

028

2

Chocolat Cupcake
쇼콜라 컵케이크

034

3

Cappuccino Cupcake
카푸치노 컵케이크

042

CUPCAKE

4

Earl Grey Cupcake
얼그레이 컵케이크

050

5

Red Velvet Cupcake
레드벨벳 컵케이크

056

6

S'more Cupcake
스모어 컵케이크

062

7
Fresh Cream
Castela Cupcake
생크림 카스텔라 컵케이크
070

8
Pumpkin
Black Sesame
Cupcake
단호박 흑임자 컵케이크
076

9
Carrot
Cupcake
당근 컵케이크
084

10
Pistachio
Cupcake
피스타치오 컵케이크
090

11
Strawberry
Cupcake
딸기 컵케이크
098

12
Melon
Cupcake
멜론 컵케이크
106

13

Key Lime
Cupcake

키라임 컵케이크

114

14

Tropical
Cupcake

트로피컬 컵케이크

122

15

Rose Raspberry
Cupcake

로즈 라즈베리 컵케이크

130

CUPCAKE - ALCHOL

16

Piñacolada
Cupcake

피나콜라다 컵케이크

138

17

Mont Blanc
Cupcake

몽블랑 컵케이크

146

18

Mint Chocolate
Cupcake

민트 초콜릿 컵케이크

154

19

Tiramisu Cupcake

티라미수 컵케이크

162

20

Smoked Salmon Cupcake

훈제 연어 컵케이크

170

21

Truffle Potato Cupcake

트러플 감자 컵케이크

178

L'école Caku MUFFIN RECIPE
머핀

1

Blueberry Streusel Muffin

블루베리 소보로 머핀

188

2

Pecan Maple Muffin

피칸 메이플 머핀

196

3

Double Chocolate Muffin

더블 초콜릿 머핀

HAND MADE

202

L'école Caku CUP DESSERT RECIPE
컵 디저트

BEFORE BAKING

이 책에서 사용하는 공통 레시피

Crème Pâtissière

크렘 파티시에르

'파티시에의 기본 크림'이라 불리는 크렘 파티시에르에는 달걀, 우유, 설탕, 밀가루(또는 전분)를 넣고 끓여 만드는 크림입니다. 슈Choux나 플랑Flan처럼 크림 그대로를 채워 넣어 디저트를 만들기도 하고, 생크림이나 버터 등을 섞어 풍미 있는 크림으로 사용하기도 합니다. 이 책에서는 프로스팅에 진하고 고소한 풍미를 더하기 위해 사용했습니다.

Ingredients

우유	100g
바닐라빈	1/6개
노른자	20g
설탕	20g
강력분	7g
버터	10g
총	157g

◆ 최종 무게는 약 130~140g
  으로 완성됩니다.

How to Make

1. 냄비에 우유, 바닐라빈을 넣고 가장자리가 끓어오를 때까지 가열합니다.

2. 볼에 노른자, 설탕, 강력분을 넣고 휘퍼로 골고루 섞어줍니다.
   ◉ 1과 2를 동시에 작업합니다.

3. 2에 1을 조금씩 흘려 넣어가며 휘퍼로 골고루 섞어줍니다.

4. 다시 냄비로 옮겨 휘퍼로 저어가며 가열합니다.

5. 반죽이 끓고 걸쭉한 상태가 되면 불에서 내려 버터를 넣고 녹을 때까지 섞어줍니다.

6. 체에 걸러줍니다.

7. 밀착 랩핑해 냉장 보관합니다.
   ◉ 만들어둔 크렘 파티시에르는 냉장고에 보관하며 3일 안에 소진합니다.

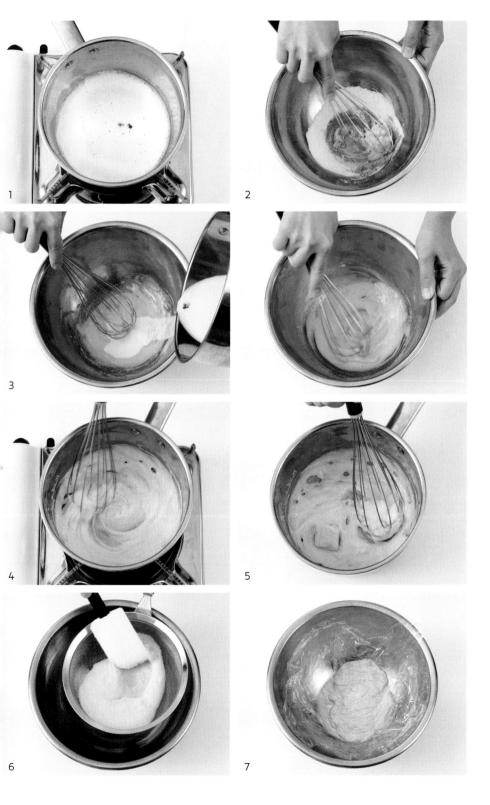

Crème Anglaise

크렘 앙글레이즈

크렘 앙글레이즈는 크렘 파티시에르와 비슷하지만 가루 재료가 들어가지 않고 묽고 가벼운 질감을 가지는 것이 특징입니다. 이 책에서는 프로스팅에 고소한 풍미와 가벼운 식감을 더하기 위해 사용했습니다.

Ingredients

우유	100g
바닐라빈	0.2g
노른자	30g
설탕	30g
총	160.2g

◆ 최종 무게는 약 140~150g
으로 완성됩니다.

How to Make

1. 냄비에 우유, 바닐라빈을 넣고 한번 끓어오를 때까지 가열합니다.

2. 볼에 노른자, 설탕을 넣고 휘퍼로 골고루 섞어줍니다.
   - 1과 2를 동시에 작업합니다.

3. **2**에 **1**을 조금씩 흘려 넣어가며 휘퍼로 골고루 섞어줍니다.

4. 다시 냄비로 옮겨 주걱으로 저어가며 80℃까지 가열합니다.

5. 체에 걸러줍니다.

6. 밀착 랩핑해 냉장 보관합니다.
   - 만들어둔 크렘 앙글레이즈는 냉장고에 보관하며 3일 안에 소진합니다.

Italian Meringue

이탈리안 머랭

이탈리안 머랭은 거품 올린 흰자에 118℃의 뜨거운 시럽을 넣고 순간적으로 흰자를 익히며 부피를 키워 가벼운 질감으로 완성합니다. 무색무취의 이탈리안 머랭과 버터를 섞어 버터 크림을 만들면 가벼운 식감을 표현할 수 있고 원하는 맛이나 색을 내기에도 쉽습니다.

Ingredients

흰자	75g
설탕A	10g
설탕B	140g
물	47g
총	272g

◆ 최종 무게는 약 240~250g
으로 완성됩니다.

How to Make

1. 볼에 흰자를 넣고 맥주 거품 정도로 올라올 때까지
중속으로 휘핑합니다.

2. 설탕A를 넣고 고속으로 휘핑합니다.

3. 단단한 상태의 머랭이 되면 중속으로 낮춰 휘핑합니다.

4. 냄비에 설탕B와 물을 넣고 118℃까지 가열합니다.

　● 1과 4를 동시에 작업합니다.

5. 3에 4를 조금씩 흘려 넣어가며 중속으로 휘핑합니다.

6. 4가 모두 들어가면 고속으로 올려 2분 정도 휘핑합니다.

7. 중속으로 낮춰 머랭이 완전히 식을 때까지 휘핑해
마무리합니다.

1

2

3

4

5

6

7

30°B Syrup

30°B 시럽

제과에서 가장 많이 사용되는 시럽인 30°B 시럽(30보메 시럽)은 물보다 설탕의 비율이 높아 쉽게 상하지 않는 것이 특징이에요. 갈레트 데 루아Galette des Rois나 쇼송 오 폼므 Chaussons aux Pommes와 같은 파이의 겉면에 발라 광택을 내주기도 하고, 리큐어나 액체 재료와 섞어 케이크에 적셔 촉촉함을 유지시켜주기도 해요. 이 책에서는 컵케이크의 촉촉함을 위해 케이크에 적시는 시럽의 용도로 사용했습니다.

Ingredients

설탕	135g
물	100g
총	235g

How to Make

1. 냄비에 설탕, 물을 넣고 가열합니다.

2. 설탕이 녹으면 불에서 내려 완전히 식힌 후 냉장 보관합니다.

   ● 냉장고에 보관하며 3개월 안에 소진하는 것을 권장합니다.

1

2

머핀틀 & 머핀컵 사용법

① 머핀틀의 밑지름과 딱 맞는 머핀컵을 사용합니다.

머핀틀보다 머핀컵이 작은 경우 컵케이크 밑바닥이 둥글게 구워지거나 찌그러집니다. 반대로 머핀틀보다 머핀컵이 큰 경우 컵케이크가 기울어진 모양으로 구워지거나 옆면에 주름이 잡히면서 타원형으로 구워질 수 있습니다.

**② 머핀컵은 너무 얇은 재질의 제품보다는
약간의 두께감이 있는 것이 더 좋습니다.**

머핀컵의 재질이 너무 얇으면 컵케이크를 구운 후 틀에서 꺼냈을 때 컵케이크가 기우뚱거리거나 손으로 잡았을 때 모양이 망가질 수 있습니다.

③ 크라프트 재질의 머핀컵은 케이크와 잘 분리됩니다.

식용유나 버터가 많이 들어가는 컵케이크 반죽을 크라프트 재질의 머핀컵에 넣고 구우면 틀에서 꺼낼 때 머핀컵이 케이크와 분리되는 현상이 발생합니다. 머핀컵이 케이크와 분리되면 보기에도 좋지 않고, 프로스팅을 올리는 과정에서 옆으로 흘러내릴 수도 있습니다. 따라서 크라프트 재질의 머핀컵보다는 종이 재질의 머핀컵을 사용하는 것을 추천합니다.

이 책에서는 4가지 종류의 머핀틀을 사용하며, 각 틀의 크기에 맞춰 반죽과 프로스팅 배합 양을 최대한 로스(손실)가 없도록 맞췄습니다. 만약 책에서 사용한 틀이 아닌 다른 틀을 사용하는 경우 사용하는 머핀컵 높이의 80~90% 정도로 반죽을 채워 넣어 구우면 적당합니다. 일반적으로 컵케이크 반죽은 베이킹소다나 베이킹파우더 같은 팽창제가 들어가기 때문에 반죽이 부풀 수 있는 여유 공간을 남겨두는 것이 좋습니다.

사용한 틀은 깨끗이 씻은 뒤 빠르게 건조시켜줍니다. 머핀틀은 주로 스테인리스 재질로 되어 있어 세척한 후 건조시켜주지 않으면 이음새 부분이 녹슬기 쉽습니다. 따라서 세척 후 물기가 남아 있지 않도록 빠르게 건조시켜주는 것이 좋습니다.

* 이 책에서 사용한 틀

이 책에서 사용한 4가지 틀은 모두 아래의 제목으로 검색창에서 검색해 쉽게 구입하실 수 있습니다. ①, ②, ③번 틀은 비앤씨마켓(bncmarket.com)에서 아래의 키워드로 검색해 구입하실 수 있으며, ④번 틀은 카우식품(cow2004.com)에서 '미니머핀팬 12구'로 검색해 구입하실 수 있습니다.

빅머핀틀 6구
지름 8.5cm,
랫지름 6cm, 높이 4.5cm)

② 머핀틀 6구
(윗지름 7cm,
아랫지름 5cm, 높이 3cm)

③ 일자 머핀틀 6구
(윗지름 7.2cm,
아랫지름 5.8cm, 높이 4.5cm)

④ 미니머핀틀 12구
(윗지름 4.2cm,
아랫지름 4cm, 높이 2cm)

컵케이크는 작은 크기의 케이크 위에 프로스팅(크림)이나 설탕 장식을 올려 먹는 디저트예요. 영국에서는 'Fairy Cake'라고 부르기도 하는데요, 작고 귀여운 모양 때문에 요정(fairy)이 먹는 케이크 같다고 해서 붙여진 이름이라고 해요. 한 번에 여러 개를 구울 수 있는 스테인리스 컵케이크 틀이 보급되기 전에는 작은 컵 형태의 도자기에 케이크 반죽을 나눠 담아 구웠는데, 이를 미국에서는 컵케이크라고 부르기 시작했어요. 컵케이크는 프로스팅과 함께 즐기는 케이크이기 때문에 가벼운 식감을 위해 주로 우유나 버터 밀크 등을 넣은 반죽을 담아서 구워요. 하지만 작고 귀여운 컵 사이즈의 틀이라면 어떤 반죽을 담아 구워도 모두 컵케이크가 될 수 있으니 한계는 두지 않는 걸로 해요!

L'école Caku
CUPCAKE
RECIPE

Vanilla Cupcake

바닐라 컵케이크

컵케이크의 기본이자 정석이라고 할 수 있는 바닐라 컵케이크예요. 반죽에 사용되는 달걀에 공기를 충분히 포집해 더욱 가벼운 식감으로 완성되는 것이 특징입니다. 바닐라빈이 콕콕 박힌 버터 프로스팅을 올리고 형형색색의 스프링클을 뿌려 사랑스럽게 완성해보세요. 가장 클래식한 컵케이크인 만큼 가장 부담 없이, 누구나 호불호 없이 즐길 수 있는 메뉴랍니다.

Cupcakes

6개

Tools

머핀틀 6구
(윗지름 7cm, 아랫지름 5cm,
높이 3cm)

Ingredients

바닐라 케이크
달걀 88g
설탕 117g
소금 1g
박력분 117g
베이킹파우더 0.6g
베이킹소다 0.1g
우유 70g
녹인 버터 62g
식용유 12g
바닐라 익스트랙 1g

바닐라 버터 프로스팅
버터 400g
크렘 파티시에르 14p
180g
이탈리안 머랭 18p
100g

기타
스프링클 적당량

029

바닐라 케이크

1. 볼에 달걀, 설탕, 소금을 넣고 따뜻한 물이 담긴 볼에 받쳐 35℃가 될 때까지 중속으로 휘핑합니다.

2. 중탕 볼에서 내려 반죽의 부피가 2배 정도로 올라오고, 연한 노란색이 될 때까지 고속으로 휘핑합니다.

3. 체 친 박력분, 베이킹파우더, 베이킹 소다를 넣고 날가루가 보이지 않을 때까지 섞어줍니다.

4. 실온 상태의 우유를 넣고 물기가 보이지 않을 때까지 섞어줍니다.

5. 녹인 버터, 식용유, 바닐라 익스트랙을 넣고 골고루 섞어줍니다.

6. 반죽을 짤주머니에 담아 머핀컵을 깐 팬에 90% 정도로 채워줍니다.

point 이 책에서 소개하는 케이크와 머핀 반죽, 프로스팅은 모두 사용하는 틀에 맞춰 배합을 계산했기 때문에 로스(남는 것)가 거의 없습니다. 책에서 사용한 것과 같은 틀을 사용한다면 6군데에 균일하게 나눠주시면 됩니다.

7. 175℃로 예열된 오븐에서 10분간 굽고, 틀을 돌려 15분간 더 구워줍니다.

point 구워져 나온 후에는 틀째 5분 정도 식힌 후 틀에서 꺼내 식힘망 위에서 식혀줍니다.

바닐라 버터 프로스팅

8. 볼에 말랑한 상태의 버터를 넣고 가볍게 풀어줍니다.

point 버터는 22℃ 내외로 준비해 사용합니다.

9. 크렘 파티시에르를 넣고 골고루 섞어줍니다.

point 크렘 파티시에르는 25℃ 내외로 준비해 사용합니다.

10. 이탈리안 머랭을 넣고 골고루 섞어줍니다.

마무리

11. 849번 깍지를 끼운 짤주머니에 바
닐라 버터 프로스팅을 담아 케이크 가장
자리부터 원을 그리며 파이핑한 후 점점
작은 원으로 그려가며 3층까지 파이핑
해줍니다.

12. 스프링클을 뿌려 마무리합니다.

Chocolat Cupcake

쇼콜라 컵케이크

초콜릿 러버들 모이세요! 머리부터 발끝까지 초코초코한 컵케이크입니다. 케이크 중앙에 통카 가나슈를 채워 넣어 더 촉촉해진 컵케이크 위에 부드러운 이탈리안 머랭을 얹고 초콜릿으로 한 번 더 코팅해주었어요. 통카빈은 생략할 수도 있지만 첨가하면 특유의 향으로 인해 고급스러운 맛으로 완성되니 사용해보고 비교해보셔도 좋습니다.

Cupcakes

6개

Tools

머핀틀 6구
(윗지름 7cm, 아랫지름 5cm,
높이 3cm)

Ingredients

쇼콜라 케이크
버터 90g
설탕 90g
달걀 70g
녹인 다크초콜릿 60g
(Belcolade 60days 74%)
박력분 90g
카카오파우더 15g
베이킹파우더 1.2g
베이킹소다 0.3g
우유 30g

통카 가나슈
생크림 60g
통카빈 0.1g
물엿 3g
다크초콜릿 40g
(Belcolade 60days 74%)

바닐라 이탈리안 머랭
이탈리안 머랭 18p
200g
바닐라빈 1/4개

기타
코팅용 다크초콜릿 적당량
스프링클 적당량

쇼콜라 케이크

1. 볼에 말랑한 상태의 버터를 넣고 가볍게 풀어준 다음 설탕을 3번 나눠 넣어가며 섞어줍니다.

point 버터는 22℃ 내외로 준비해 사용합니다.

2. 실온 상태의 달걀을 2번 나눠 넣어가며 섞어줍니다.

3. 녹인 다크초콜릿을 넣고 골고루 섞어줍니다.

point 초콜릿은 30℃ 내외로 온도를 맞춰 사용합니다.

4. 체 친 박력분, 카카오파우더, 베이킹파우더, 베이킹소다의 1/2을 넣고 날가루가 보이지 않을 때까지 섞어줍니다.

5. 실온 상태의 우유를 넣고 물기가 보이지 않을 때까지 섞어줍니다.

6. 남은 가루 재료를 넣고 날가루가 보이지 않을 때까지 섞어줍니다.

7. 반죽을 짤주머니에 담아 머핀컵을 깐 팬에 80% 정도로 채워줍니다.

point 이 책에서 소개하는 케이크와 머핀 반죽, 프로스팅은 모두 사용하는 틀에 맞춰 배합을 계산했기 때문에 로스(남는 것)가 거의 없습니다. 책에서 사용한 것과 같은 틀을 사용한다면 6군데에 균일하게 나눠주시면 됩니다.

8. 175℃로 예열된 오븐에서 10분간 굽고, 틀을 돌려 15분간 더 구워줍니다.

point 구워져 나온 후에는 틀째 5분 정도 식힌 후 틀에서 꺼내 식힘망 위에서 식혀줍니다.

통카 가나슈

9. 냄비에 생크림, 통카빈, 물엿을 넣고
한번 끓어오를 때까지 가열합니다.

10. 끓어오르면 불을 끄고 냄비 입구를 랩
핑해 30분 정도 인퓨징합니다.

11. 체에 걸러줍니다.

12. 녹인 다크초콜릿이 담긴 비커에 담고
바믹서로 블렌딩합니다.

13. 생크림이 완전히 섞이고 가나슈 윗면에 광택이 돌 때까지 블렌딩합니다.

14. 밀착 랩핑한 후 서늘한 실온(16~18℃)에서 2시간 정도 두고 굳힌 뒤 사용합니다.

바닐라 이탈리안 머랭

15. 볼에 이탈리안 머랭과 바닐라빈을 넣고 섞어줍니다.

마무리

16. 과일씨제거기를 이용해 쇼콜라 케이크 중앙을 파냅니다.

17. 파낸 공간에 통카 가나슈를 채워줍니다.

18. 원형 깍지를 끼운 짤주머니에 바닐라 이탈리안 머랭을 담아 동그랗게 올려가며 파이핑합니다.

point. 여기에서는 지름 1.3cm 원형 깍지를 사용했습니다. 원하는 모양의 깍지를 사용해도 좋습니다.

19. 냉동실에서 30분 정도 두고 얼려줍니다.

20. 녹인 코팅용 다크초콜릿을 짤주머니에 담아 이탈리안 머랭 위에 부어줍니다.

21. 코팅초콜릿이 완전히 굳기 전에 스프링클을 뿌려 마무리합니다.

Cappuccino Cupcake

카푸치노 컵케이크

촉촉한 타입의 컵케이크와 부드러운 가나슈 몽테, 그리고 고소하게 씹히는 헤이즐넛의
식감과 카푸치노를 연상시키는 시나몬의 향까지. 카푸치노의 맛과 풍미를 컵케이크에
담았어요. 컵케이크의 부드러움을 한 번에 즐길 수 있는 촉촉한 타입의 컵케이크랍니다.

Cupcakes

6개

Tools

머핀틀 6구
(윗지름 7cm, 아랫지름 5cm,
높이 3cm)

Ingredients

커피 케이크	바닐라 몽테	기타
버터 65g	생크림 240g	구워 다진 헤이즐넛 약 60g
식용유 12g	바닐라빈 1/4개	시나몬파우더 적당량
설탕 83g	화이트초콜릿 90g	
소금 0.5g	(Belcolade 30%)	
달걀 65g		
바닐라 익스트랙 1g		
박력분 115g		
베이킹파우더 1g		
베이킹소다 0.7g		
우유 60g		
인스턴트 커피가루 6g		

커피 케이크

1. 볼에 말랑한 상태의 버터, 식용유를 넣고 가볍게 풀어줍니다.

point 버터는 22℃ 내외로 준비해 사용합니다.

2. 설탕과 소금을 3번 나눠 넣어가며 섞어 줍니다.

3. 실온 상태의 달걀과 바닐라 익스트 랙을 2번 나눠 넣어가며 섞어줍니다.

4. 체 친 박력분, 베이킹파우더, 베이킹소 다의 1/2을 넣고 날가루가 보이지 않을 때 까지 섞어줍니다.

5. 실온 상태의 우유에 인스턴트 커피 가루를 섞어 반죽에 넣은 후 물기가 보이지 않을 때까지 섞어줍니다.

6. 남은 가루 재료를 넣고 날가루가 보이지 않을 때까지 섞어줍니다.

7. 반죽을 짤주머니에 담아 머핀컵을 깐 팬에 80% 정도로 채워줍니다.

point 이 책에서 소개하는 케이크와 머핀 반죽, 프로스팅은 모두 사용하는 틀에 맞춰 배합을 계산했기 때문에 로스(남는 것)가 거의 없습니다. 책에서 사용한 것과 같은 틀을 사용한다면 6군데에 균일하게 나눠주시면 됩니다.

8. 175℃로 예열된 오븐에서 10분간 굽고, 틀을 돌려 15분간 더 구워줍니다.

point 구워져 나온 후에는 틀째 5분 정도 식힌 후 틀에서 꺼내 식힘망 위에서 식혀줍니다.

바닐라 몽테

9. 냄비에 생크림, 바닐라빈을 넣고 한 번 끓어오를 때까지 가열합니다.

10. 화이트초콜릿이 담긴 비커에 넣고 바믹서로 블렌딩합니다.

11. 초콜릿이 완전히 섞이고 크림의 색이 고르게 날 때까지 블렌딩합니다.

12. 밀착 랩핑해 12시간 이상 냉장 휴지시켜줍니다.

마무리

13. 냉장고에서 휴지시킨 바닐라 몽테를 잔주름이 선명하게 보이는 상태까지 휘핑합니다.

14. 지름 2cm 원형 깍지를 끼운 짤주머니에 바닐라 몽테를 담아 커피 케이크 위에 파이핑합니다.

15. 구워 다진 헤이즐넛을 바닐라 몽테 가장자리에 붙여줍니다.

point 헤이즐넛은 175℃에서 약 5분간 구운 후 다져 사용합니다.

16. 시나몬파우더를 뿌려 마무리합니다.

우유 거품을 가득 올린 따뜻한 카푸치노와 함께 즐겨보세요.
기분 좋은 커피의 향긋함이 폭발할 거예요!

Earl Grey Cupcake

얼그레이 컵케이크

얼그레이의 향긋함과 캐러멜의 달콤 쌉싸래한 맛의 조화가 입을 행복하게 해주는 컵케이크예요. 케이크 안쪽과 크림 사이사이에 있는 캐러멜을 보물찾기하듯 찾아가며 먹고 있는 나를 발견하게 될 거예요!

Cupcakes

6개

Tools

머핀틀 6구
(윗지름 7cm, 아랫지름 5cm,
높이 3cm)

Ingredients

얼그레이 케이크
버터 85g
설탕 105g
소금 0.5g
달걀 65g
바닐라 익스트랙 1g
박력분 120g
베이킹파우더 1.5g
베이킹소다 0.5g
얼그레이 분말 5g
우유 55g

크렘 캐러멜
 65p
설탕 150g
물 10g
꿀 12g
생크림 195g
버터 37g
바닐라빈 1/4개

캐러멜 버터 프로스팅
버터 180g
크렘 파티시에르 14p
90g
크렘 캐러멜 135g

얼그레이 케이크

1. 볼에 말랑한 상태의 버터를 넣고 가볍게 풀어준 다음 설탕, 소금을 3번 나눠 넣어가며 섞어줍니다.

point 버터는 22℃ 내외로 준비해 사용합니다.

2. 실온 상태의 달걀과 바닐라 익스트랙을 2번 나눠 넣어가며 골고루 섞어줍니다.

3. 체 친 박력분, 베이킹파우더, 베이킹소다 1/2을 넣고 날가루가 보이지 않을 때까지 섞어줍니다.

4. 얼그레이 분말과 함께 섞어둔 우유를 넣고 물기가 보이지 않을 때까지 섞어줍니다.

point 얼그레이 분말과 우유는 미리 섞어둔 후 30분 정도 후에 사용합니다.

5. 남은 가루 재료를 넣고 날가루가 보이지 않을 때까지 섞어줍니다.

6. 반죽을 짤주머니에 담아 머핀컵을 깐 팬에 80% 정도로 채워줍니다.

point 이 책에서 소개하는 케이크와 머핀 반 죽, 프로스팅은 모두 사용하는 틀에 맞춰 배합 을 계산했기 때문에 로스(남는 것)가 거의 없습 니다. 책에서 사용한 것과 같은 틀을 사용한다면 6군데에 균일하게 나눠주시면 됩니다.

7. 175℃로 예열된 오븐에서 10분간 굽고, 틀을 돌려 15분간 더 구워줍니다.

point 구워져 나온 후에는 틀째 5분 정도 식힌 후 틀에서 꺼내 식힘망 위에서 식혀줍니다.

캐러멜 버터 프로스팅

8. 볼에 말랑한 상태의 버터를 넣고 가볍게 풀어줍니다.

point 버터는 22℃ 내외로 준비해 사용합니다.

9. 크렘 파티시에르를 넣고 섞어줍니다.

point 크렘 파티시에르는 25℃ 내외로 준비해 사용합니다.

10. 크렘 캐러멜을 넣고 골고루 섞어줍니다.

point 크렘 캐러멜은 65p의 공정과 동일하게 만들어 사용합니다.

마무리

11. 과일씨제거기를 이용해 얼그레이 케이크 중앙을 파냅니다.

12. 크렘 캐러멜을 채워줍니다.

point 캐러멜 버터 프로스팅에 사용하고 남은 크렘 캐러멜을 사용합니다.

13. 생토노레 깍지를 끼운 짤주머니에 캐러멜 버터 프로스팅을 담아 파이핑합니다.

point 여기에서는 깍지 입구의 지름이 1cm인 생토노레 깍지를 사용했습니다.

14. 캐러멜 버터 프로스팅 사이사이에 크렘 캐러멜을 동그랗게 파이핑해 마무리합니다.

Red Velvet Cupcake

레드벨벳 컵케이크

크리스마스에 꼭 먹어야 할 것 같은 비주얼을 뿜어내는 컵케이크예요. 이 책에서는 홍국 쌀가루를 사용해 붉은 컬러를 표현했어요. 어쩐지 뉴욕 어딘가의 벤치에 앉아 입에 크림을 잔뜩 묻히고 먹어주어야 할 것 같은 컵케이크랍니다. 레드벨벳 케이크 한입으로 뉴욕 여행을 떠나보아요!

Cupcakes

6개

Tools

머핀틀 6구
(윗지름 7cm, 아랫지름 5cm,
높이 3cm)

Ingredients

레드벨벳 케이크

버터 40g	코코아파우더 3g
식용유 20g	베이킹파우더 0.7g
설탕 100g	베이킹소다 1g
달걀 40g	우유 55g
바닐라 익스트랙 2g	화이트와인 식초 5g
박력분 90g	빨간색 식용 색소 2g
홍국 쌀가루 14g	

크림치즈 프로스팅

크림치즈 350g
분당 40g
생크림 40g
바닐라 익스트랙 1g

기타
레드벨벳 케이크 가루
적당량

레드벨벳 케이크

1. 볼에 말랑한 상태의 버터, 식용유를 넣고 가볍게 풀어줍니다.

2. 설탕을 3번 나눠 넣어가며 섞어줍니다.

point 버터는 22℃ 내외로 준비해 사용합니다.

3. 실온 상태의 달걀과 바닐라 익스트랙을 2번 나눠 넣어가며 섞어줍니다.

4. 체 친 박력분, 홍국 쌀가루, 코코아파우더, 베이킹파우더, 베이킹소다 1/2을 넣고 날가루가 보이지 않을 때까지 섞어줍니다.

5. 우유, 화이트와인 식초, 빨간색 식용 색소를 섞은 후 **4**에 넣고 섞어줍니다.

6. 남은 가루 재료를 넣고 날가루가 보이지 않을 때까지 섞어줍니다.

7. 반죽을 짤주머니에 담아 머핀컵을 깐 팬에 80% 정도로 채워줍니다.

point 이 책에서 소개하는 케이크와 머핀 반죽, 프로스팅은 모두 사용하는 틀에 맞춰 배합을 계산했기 때문에 로스(남는 것)가 거의 없습니다. 책에서 사용한 것과 같은 틀을 사용한다면 6군데에 균일하게 나눠주시면 됩니다.

8. 175℃로 예열된 오븐에서 10분간 굽고, 틀을 돌려 15분간 더 구워줍니다.

point 구워져 나온 후에는 틀째 5분 정도 식힌 후 틀에서 꺼내 식힘망 위에서 식혀줍니다.

크림치즈 프로스팅

9. 볼에 부드러운 상태의 크림치즈를 넣고 가볍게 풀어줍니다.

10. 체 친 분당을 넣고 저속으로 골고루 섞어줍니다.

11. 실온 상태의 생크림, 바닐라 익스트랙을 넣고 저속으로 골고루 섞어줍니다.

마무리

12. 레드벨벳 케이크 윗면을 살짝 슬라이스합니다.

13. 잘려진 레드벨벳 케이크는 체에 내려 준비합니다.

14. 윗면을 자른 레드벨벳 케이크 위에 크림치즈 프로스팅을 파이핑한 후 스패츌러를 이용해 자연스러운 모양으로 잡아줍니다.

15. 체에 내린 레드벨벳 케이크 가루를 뿌려 마무리합니다.

S'more
Cupcake

스모어 컵케이크

모닥불에 노릇노릇 구워 먹는 재미가 있는 스모어를 컵케이크로 재탄생시켜보았어요.
촉촉한 초콜릿 케이크와 크렘 캐러멜, 바닐라 이탈리안 머랭의 조화가 하루의 스트레스
를 날려줄 짜릿한 달콤함을 선물해줄 거예요.

Cupcakes

6개

Tools

머핀틀 6구
(윗지름 7cm, 아랫지름 5cm,
높이 3cm)

Ingredients

로투스 쿠키
로투스 50g
버터 8g

캐러멜 시럽
설탕 20g
물 50g

초콜릿 케이크
버터 70g
설탕 85g
달걀 77g
박력분 85g
카카오파우더 13g
베이킹파우더 1g
베이킹소다 0.4g
캐러멜 시럽 25g

크렘 캐러멜
물 7g
설탕 100g
꿀 8g
생크림 120g
버터 25g
바닐라빈 1/6개

기타
바닐라 이탈리안 머랭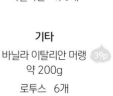
약 200g
로투스 6개

로투스 쿠키

1. 푸드프로세서에 로투스를 넣고 곱게 갈아줍니다.

2. 버터를 넣고 골고루 갈아줍니다.

캐러멜 시럽

3. 냄비에 설탕을 넣고 주걱으로 저어 가며 가열합니다.

4. 설탕이 갈색이 되면 불을 끄고 물을 3~4번 나눠 넣으면서 섞은 후 식혀줍니다.

크렘 캐러멜

5. 냄비에 물, 설탕, 꿀을 넣고 190℃까지 가열합니다.

6. 190℃가 되면 뜨거운 상태의 생크림을 흘려 넣어가며 가열합니다.

point 차가운 상태의 생크림을 뜨거운 캐러멜에 넣게 되면 튀어오를 수 있으니 주의하세요.

7. 불을 끄고 버터와 바닐라빈을 넣고 섞어줍니다.

8. 완전히 식힌 후 사용합니다.

초콜릿 케이크

9. 볼에 말랑한 상태의 버터를 넣고 가볍게 풀어준 다음 설탕을 3번 나눠 넣어가며 섞어줍니다.

point 버터는 22℃ 내외로 준비해 사용합니다.

10. 실온 상태의 달걀을 2번 나눠 넣어가며 섞어줍니다.

11. 체 친 박력분, 카카오파우더, 베이킹파우더, 베이킹소다 1/2을 넣고 날가루가 보이지 않을 때까지 섞어줍니다.

12. 캐러멜 시럽을 조금씩 흘려 넣어가며 골고루 섞어줍니다.

13. 남은 가루 재료를 넣고 날가루가 보이지 않을 때까지 섞어줍니다.

14. 머핀컵을 깐 팬에 로투스 쿠키를 담고 숟가락으로 평평하게 눌러줍니다.

point 6개 분량이므로 남는 것 없이 모두 사용합니다.

15. 반죽을 짤주머니에 담아 머핀컵을 깐 팬에 80% 정도로 채워줍니다.

point 이 책에서 소개하는 케이크와 머핀 반죽, 프로스팅은 모두 사용하는 틀에 맞춰 배합을 계산했기 때문에 로스(남는 것)가 거의 없습니다. 책에서 사용한 것과 같은 틀을 사용한다면 6군데에 균일하게 나눠주시면 됩니다.

16. 175℃로 예열된 오븐에서 10분간 굽고, 틀을 돌려 15분간 더 구워줍니다.

point 구워져 나온 후에는 틀째 5분 정도 식힌 후 틀에서 꺼내 식힘망 위에서 식혀줍니다.

마무리

17. 과일씨제거기를 이용해 로투스 초 콜릿 케이크 중앙을 파냅니다.

18. 파낸 공간에 크렘 캐러멜을 채워줍니 다.

19. 바닐라 이탈리안 머랭을 올린 후 미 니 스패츌러로 자연스럽게 모양을 내줍 니다.

20. 토치로 바닐라 이탈리안 머랭을 살짝 그을러줍니다.

21. 크렘 캐러멜을 뿌려줍니다. **22.** 로투스를 꽂아 마무리합니다.

Fresh Cream
Castela Cupcake

생크림 카스텔라 컵케이크

폭신한 카스텔라처럼 보송보송 가볍게 만든 케이크 속에 부드러운 연유 생크림을 듬뿍
채워 올려 만든 컵케이크예요. 크림과 함께 컵케이크로 만들어 먹어도 맛있고, 케이크만
구워 우유와 함께 먹어도 충분히 맛있답니다.

Cupcakes

6개

Tools

빅머핀틀 6구
(윗지름 8.5cm, 아랫지름 6cm,
높이 4.5cm)

Ingredients

카스텔라
노른자 85g
꿀 20g
설탕A 20g
흰자 100g
설탕B 90g
박력분 125g
옥수수전분 5g
녹인 버터 12g

연유 생크림
생크림 250g
연유 30g
설탕 20g
바닐라빈 1/6개

카스텔라

1. 볼에 노른자, 꿀, 설탕A를 넣고 저속으로 가볍게 풀어줍니다.

2. 미색으로 뽀얗게 거품이 일어날 때까지 고속으로 휘핑합니다.

3. 다른 볼에 흰자를 넣고 가볍게 풀어줍니다.

4. 3에 설탕B를 3번 나눠 넣어가며 휘핑합니다.

5. 단단한 상태의 머랭이 될 때까지 휘핑합니다.

6. 2에 5를 2번 나눠 넣어가며 골고루 섞어줍니다.

7. 체 친 박력분, 옥수수전분을 넣고 날가루가 보이지 않을 때까지 섞어줍니다.

8. 녹인 버터를 넣고 골고루 섞어줍니다.

9. 반죽을 짤주머니에 담아 머핀컵을 깐 팬에 90% 정도로 채워줍니다.

point 이 책에서 소개하는 케이크와 머핀 반죽, 프로스팅은 모두 사용하는 틀에 맞춰 배합을 계산했기 때문에 로스(남는 것)가 거의 없습니다. 책에서 사용한 것과 같은 틀을 사용한다면 6군데에 균일하게 나눠주시면 됩니다.

10. 175℃로 예열된 오븐에서 10분간 굽고, 틀을 돌려 10분간 더 구워줍니다.

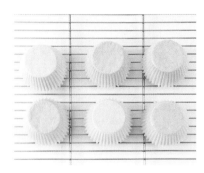

11. 구워져 나온 카스텔라는 틀에서 바로 꺼낸 후 뒤집어 식힘망 위에서 5분간 식힌 후 다시 뒤집어 완전히 식혀줍니다.

point 수분이 많은 반죽이라 그대로 식히면 반죽 아랫부분이 떡질 수 있습니다.

연유 생크림

12. 볼에 모든 재료를 넣고 휘핑합니다.

13. 휘퍼 날이 지나가는 자리에 선명하게 결이 보일 때까지 중속으로 휘핑합니다.

마무리

14. 카스텔라 중앙에 열십자로 칼집을 낸 후, 849번 별깍지를 끼운 짤주머니에 연유 생크림을 담고 칼집을 낸 곳에 넣어 파이핑합니다.

15. 케이크 중앙에 동그랗게 올려가며 파이핑해 마무리합니다.

Pumpkin
Black Sesame
Cupcake

단호박 흑임자 컵케이크

단호박과 흑임자를 사용해 한국적인 디저트로 탄생시켜본 컵케이크예요. 고소한 맛이 매력적인 흑임자 케이크 속에 달콤한 단호박 큐브를 넣고 부드럽고 고소한 단호박 프로스팅을 올려 완성했어요. 마무리로 장식한 흑임자 튀일이 포인트랍니다.

Cupcakes

6개

Tools

일자 머핀틀 6구
(윗지름 7.2cm, 아랫지름 5.8cm,
높이 4.5cm)

Ingredients

흑임자 튀일
버터 15g
설탕 25g
물엿 12g
흑임자 15g

단호박 큐브
깍둑 썬 단호박 120g
설탕 20g
물 30g

단호박 흑임자 케이크
버터 85g
황설탕 97g
물엿 27g
달걀 88g
박력분 132g
흑임자가루 12g
베이킹파우더 1.1g
베이킹소다 0.5g
우유 44g
단호박 큐브 120g

단호박 프로스팅
버터 200g
분당 40g
소금 0.6g
크렘 파티시에르 14p
76g
익힌 단호박 150g

흑임자 튀일

1. 냄비에 버터, 설탕, 물엿을 넣고 녹을 때까지 가열합니다.

2. 흑임자를 넣고 골고루 섞어줍니다.

3. 테프론시트를 깐 철판에 붓고 펼쳐 줍니다.

4. 175℃로 예열한 오븐에서 10분간 구워 식혀 굳힌 후 적당한 크기로 잘라 사용합니다.

단호박 큐브

5. 냄비에 모든 재료를 넣고 주걱으로 저어가며 가열합니다.

point. 단호박은 사방 2cm 정도의 크기로 잘라 사용합니다.

6. 단호박이 충분히 익으면 식혀 사용합니다.

단호박 흑임자 케이크

7. 볼에 말랑한 상태의 버터를 넣고 가볍게 풀어줍니다.

point. 버터는 22℃ 내외로 준비해 사용합니다.

8. 황설탕을 3번 나눠 넣어가며 섞어줍니다.

9. 물엿을 넣고 골고루 섞어줍니다.

10. 실온 상태의 달걀을 2번 나눠 넣어가며 골고루 섞어줍니다.

11. 체 친 박력분, 흑임자가루, 베이킹파우더, 베이킹소다 1/2을 넣고 날가루가 보이지 않을 때까지 섞어줍니다.

12. 실온 상태의 우유를 넣고 섞어줍니다.

13. 남은 가루 재료를 넣고 날가루가 보이지 않을 때까지 섞어줍니다.

14. 식힌 단호박 큐브를 넣고 가볍게 섞어줍니다.

15. 반죽을 짤주머니에 담아 머핀컵을 깐 팬에 80% 정도로 채워줍니다.

point 이 책에서 소개하는 케이크와 머핀 반죽, 프로스팅은 모두 사용하는 틀에 맞춰 배합을 계산했기 때문에 로스(남는 것)가 거의 없습니다. 책에서 사용한 것과 같은 틀을 사용한다면 6군데에 균일하게 나눠주시면 됩니다.

16. 175℃로 예열된 오븐에서 10분간 굽고, 틀을 돌려 15분간 더 구워줍니다.

point 구워져 나온 후에는 틀째 5분 정도 식힌 후 틀에서 꺼내 식힘망 위에서 식혀줍니다.

단호박 프로스팅

17. 볼에 말랑한 상태의 버터를 넣고 가볍게 풀어줍니다.

point 버터는 22℃ 내외로 준비해 사용합니다.

18. 체 친 분당, 소금을 넣고 날가루가 보이지 않을 때까지 섞어줍니다.

19. 크렘 파티시에르를 넣고 골고루 섞어줍니다.

point 크렘 파티시에르는 25℃ 내외로 준비해 사용합니다.

20. 익힌 단호박을 넣고 섞어줍니다.

point 단호박은 전자레인지로 푹 익혀 껍질을 제거한 후 체에 내리고, 30℃ 내외로 준비해 사용합니다.

마무리

21. 케이크 윗면을 살짝 잘라 평평하게 만들어줍니다.

22. 지름 2.5cm 원형 깍지를 끼운 짤 주머니에 단호박 프로스팅을 담아 케이크 윗면에 동그랗게 파이핑합니다.

point 원형 깍지를 사용할 때는 짤주머니를 수직으로 잡고 파이핑해야 봉긋한 예쁜 원형으로 완성할 수 있습니다.

23. 적당한 크기로 자른 흑임자 튀일을 꽂아 마무리합니다.

Carrot Cupcake

당근 컵케이크

당근 케이크를 컵케이크 버전으로 만들어본 메뉴예요. 늘 먹어온 흔한 당근 케이크라고 생각하면 오산! 상큼하게 씹히는 파인애플 조각과 오독오독 고소하게 씹히는 호두를 넣어 맛과 식감의 재미를 더했답니다. 과하지 않고 은은하게 퍼지는 생강과 넛멕가루도 특별한 당근 컵케이크를 만들어주는 포인트랍니다.

Cupcakes

6개

Tools

일자 머핀틀 6구
(윗지름 7.2cm, 아랫지름 5.8cm,
높이 4.5cm)

Ingredients

당근 케이크

녹인 버터 55g	시나몬가루 5g
식용유 50g	넛멕가루 0.3g
흑설탕 90g	생강가루 0.3g
소금 1g	베이킹파우더 1.2g
달걀 100g	베이킹소다 1.2g
채 썬 당근 70g	다진 파인애플 60g
사워크림 30g	구워 다진 호두 40g
중력분 70g	
박력분 70g	

당근 칩

당근 적당량

크림치즈 프로스팅

크림치즈 230g
설탕 30g
바닐라빈 1/6개
생크림 160g

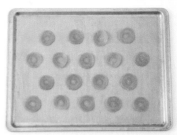

당근 칩

1. 당근을 약 1mm 두께로 얇게 썰어줍니다.

2. 테프론시트를 깐 철판에 올려 80℃에서 1시간 건조합니다.

당근 케이크

3. 볼에 녹인 버터, 식용유를 넣고 휘퍼로 가볍게 섞어줍니다.

4. 흑설탕, 소금을 넣고 골고루 섞어줍니다.

5. 실온 상태의 달걀을 넣고 골고루 섞어줍니다.

6. 채 썬 당근을 넣고 골고루 섞어줍니다.

point 당근은 얇게 채 썰어 수분을 제거한 후 사용합니다.

7. 사워크림을 넣고 골고루 섞어줍니다.

8. 체 친 중력분, 박력분, 시나몬가루, 넛맥가루, 생강가루, 베이킹파우더, 베이킹소다를 넣고 날가루가 보이지 않을 때까지 섞어줍니다.

9. 다진 파인애플, 구워 다진 호두를 넣고 가볍게 섞어줍니다.

point 호두는 175℃에서 고소한 향이 날 때까지 5분 정도 구운 후 식혀 사용합니다.

10. 반죽을 짤주머니에 담아 머핀컵을 깐 팬에 80% 정도로 채워줍니다.

point 이 책에서 소개하는 케이크와 머핀 반죽, 프로스팅은 모두 사용하는 틀에 맞춰 배합을 계산했기 때문에 로스(남는 것)가 거의 없습니다. 책에서 사용한 것과 같은 틀을 사용한다면 6군데에 균일하게 나눠주시면 됩니다.

크림치즈 프로스팅

11. 175℃로 예열된 오븐에서 10분간 굽고, 틀을 돌려 15분간 더 구워줍니다.

point 구워져 나온 후에는 틀째 5분 정도 식힌 후 틀에서 꺼내 식힘망 위에서 식혀줍니다.

12. 볼에 부드러운 상태의 크림치즈, 설탕, 바닐라빈을 넣고 가볍게 풀어줍니다.

13. 생크림을 조금씩 넣어가며 골고루 섞어줍니다.

14. 휘퍼 날이 지나가는 자리에 잔주름이 생길 때까지 휘핑합니다.

마무리

15. 지름 2.5cm 원형 깍지를 끼운 짤주머니에 크림치즈 프로스팅을 담아 당근 케이크에 파이핑합니다.

16. 당근 칩을 올려 마무리합니다.

point 원형 깍지를 사용할 때는 짤주머니를 수직으로 잡고 파이핑해야 봉긋한 예쁜 원형으로 완성할 수 있습니다.

Pistachio Cupcake

피스타치오 컵케이크

그냥 먹어도 맛있는 피스타치오 케이크에 패션푸르트의 향이 감도는 상큼한 오렌지 콩포트를 더해 고소하면서도 상큼한 맛을 한층 더 업그레이드시킨 메뉴예요. 먹을 때는 꼭 4등분해 케이크와 오렌지 콩포트, 그리고 피스타치오 프로스팅을 한꺼번에 드셔야 가장 맛있게 드실 수 있어요.

Cupcakes

6개

Tools

일자 머핀틀 6구
(윗지름 7.2cm, 아랫지름 5.8cm,
높이 4.5cm)

Ingredients

피스타치오 케이크
녹인 화이트초콜릿 60g
(Belcolade 30%)
물 65g
버터 80g
피스타치오 페이스트 35g
설탕 110g
달걀 110g
박력분 120g
피스타치오가루 20g
베이킹파우더 1.5g

오렌지 콩포트
오렌지 과육 70g
패션푸르트 퓌레 10g
오렌지제스트 1g
레몬즙 10g
설탕 50g
NH펙틴 2.5g

피스타치오 프로스팅
버터 150g
분당 30g
크렘 앙글레이즈
65g
피스타치오 페이스트 70g

기타
구운 피스타치오 적당량

피스타치오 케이크

1. 볼에 녹인 화이트초콜릿과 40℃ 내외의 물을 넣고 섞어준 다음 30℃까지 식혀줍니다.

2. 다른 볼에 말랑한 상태의 버터와 피스타치오 페이스트를 넣고 가볍게 섞어준 다음 설탕을 3번 나눠 넣어가며 섞어줍니다.

point 버터는 22℃ 내외로 준비해 사용합니다.

3. 실온 상태의 달걀을 2번 나눠 넣어가며 골고루 섞어줍니다.

4. 체 친 박력분, 피스타치오가루, 베이킹파우더 1/2을 넣고 날가루가 보이지 않을 때까지 섞어줍니다.

5. 4에 1을 넣고 섞어줍니다.

6. 남은 가루 재료를 넣고 날가루가 보이지 않을 때까지 섞어줍니다.

7. 반죽을 짤주머니에 담아 머핀컵을 깐 팬에 80% 정도로 채워줍니다.

point 이 책에서 소개하는 케이크와 머핀 반죽, 프로스팅은 모두 사용하는 틀에 맞춰 배합을 계산했기 때문에 로스(남는 것)가 거의 없습니다. 책에서 사용한 것과 같은 틀을 사용한다면 6군데에 균일하게 나눠주시면 됩니다.

8. 175℃로 예열된 오븐에서 10분간 굽고, 틀을 돌려 15분간 더 구워줍니다.

point 구워져 나온 후에는 틀째 5분 정도 식힌 후 틀에서 꺼내 식힘망 위에서 식혀줍니다.

오렌지 콩포트

9. 냄비에 큼직하게 자른 오렌지 과육, 패션푸르트 퓌레, 오렌지제스트, 레몬즙을 넣고 40℃로 가열합니다.

10. 미리 섞어둔 설탕과 NH펙틴을 조금씩 넣어가며 섞어줍니다.

11. 주걱으로 오렌지 과육을 잘라가며 가열합니다.

12. 100℃까지 가열한 후 불에서 내려 식혀 사용합니다.

피스타치오 프로스팅

13. 볼에 말랑한 상태의 버터, 체 친 분
당을 넣고 섞어줍니다.

point 버터는 22℃ 내외로 준비해 사용합니다.

14. 크렘 앙글레이즈를 넣고 섞어줍니다.

point 크렘 앙글레이즈는 25℃ 내외로 준비해 사
용합니다.

15. 피스타치오 페이스트를 넣고 섞어줍니다.

마무리

16. 과일씨제거기를 이용해 피스타치오 케이크 중앙을 파냅니다.

17. 파낸 공간에 오렌지 콩포트를 채워줍니다.

18. 피스타치오 프로스팅을 올린 후 미니 스패출러로 옆면과 윗면의 각을 잡아줍니다.

19. 피스타치오 프로스팅을 깔끔하게 정리합니다.

20. 구운 피스타치오를 올려 마무리합니다.

point 미국산 피스타치오는 175℃에서 5분간 구워 사용하고, 피스타치오 커넬은 굽지 않고 그대로 사용합니다.

Strawberry Cupcake

딸기 컵케이크

크림치즈를 넣고 구워 더욱 부드러운 케이크 속에 새콤달콤한 딸기 라즈베리 잼을 채우고 딸기 프로스팅을 올려 완성한 컵케이크예요. 만화에서 툭 튀어나온 듯한 예쁜 비주얼 못지않게 새콤달콤 맛있는 컵케이크랍니다. 다양한 맛의 과일 퓌레를 사용해 여러 가지 맛으로 응용하기에도 좋아요.

Cupcakes

6개

Tools

머핀틀 6구
(윗지름 7cm, 아랫지름 5cm,
높이 3cm)

Ingredients

크림치즈 케이크
버터 58g
크림치즈 53g
설탕 88g
달걀 64g
중력분 35g
박력분 47g
베이킹파우더 0.3g
베이킹소다 0.2g

딸기 라즈베리 잼
냉동 라즈베리 40g
딸기 퓌레 35g
설탕 80g
NH펙틴 1.5g

딸기 프로스팅
버터 200g
분당 50g
이탈리안 머랭 18p
50g
라즈베리 퓌레 80g
딸기 퓌레 130g

기타
딸기 6개

크림치즈 케이크

1. 볼에 말랑한 상태의 버터와 크림치즈를 넣고 가볍게 풀어줍니다.

point 버터와 크림치즈는 22℃ 내외로 준비해 사용합니다.

2. 설탕을 3번 나눠 넣어가며 섞어줍니다.

3. 실온 상태의 달걀을 3번 나눠 넣어가며 골고루 섞어줍니다.

4. 체 친 중력분, 박력분, 베이킹파우더, 베이킹소다를 넣고 섞어줍니다.

5. 날가루가 보이지 않을 때까지 섞어 줍니다.

6. 반죽을 짤주머니에 담아 머핀컵을 깐 팬에 80% 정도로 채워줍니다.

point 이 책에서 소개하는 케이크와 머핀 반죽, 프로스팅은 모두 사용하는 틀에 맞춰 배합을 계산했기 때문에 로스(남는 것)가 거의 없습니다. 책에서 사용한 것과 같은 틀을 사용한다면 6군데에 균일하게 나눠주면 됩니다.

7. 175℃로 예열된 오븐에서 10분간 굽고, 틀을 돌려 15분간 더 구워줍니다.

point 구워져 나온 후에는 틀째 5분 정도 식힌 후 틀에서 꺼내 식힘망 위에서 식혀줍니다.

딸기 라즈베리 잼

8. 냄비에 냉동 라즈베리, 딸기 퓌레를
넣고 40℃로 가열합니다.

9. 미리 섞어둔 설탕과 NH펙틴을 조금씩
넣어가며 가열합니다.

10. 100℃까지 가열한 후 식혀 사용합니다.

딸기 프로스팅

11. 볼에 말랑한 상태의 버터를 넣고 가볍게 풀어줍니다.

point 버터는 22℃ 내외로 준비해 사용합니다.

12. 체 친 분당을 넣고 날가루가 보이지 않을 때까지 섞어줍니다.

13. 이탈리안 머랭을 넣고 골고루 섞어줍니다.

14. 라즈베리 퓌레, 딸기 퓌레를 5번 나눠 넣어가며 골고루 섞어줍니다.

point 퓌레는 25℃ 내외로 준비해 사용합니다.

마무리

15. 과일씨제거기를 이용해 크림치즈 케이크 중앙을 파냅니다.

16. 파낸 공간에 딸기 라즈베리 잼을 채워 줍니다.

17. 지름 17mm 원형 깍지를 끼운 짤주 머니에 딸기 프로스팅을 넣고 동그랗게 올려가며 파이핑합니다.

18. 딸기를 올려 마무리합니다.

Melon Cupcake

멜론 컵케이크

메로나 아이스크림을 떠올리면서 만든 멜론 향 가득 달콤한 컵케이크예요. 시판 멜론 퓌레와 향료 대신 머스크 멜론을 직접 갈아 사용해 멜론 자체의 자연스러운 맛과 향, 달콤함을 표현했어요. 동글동글 귀엽게 파내어 올린 멜론도 이 컵케이크의 포인트랍니다.

Cupcakes

6개

Tools

머핀틀 6구
(윗지름 7cm, 아랫지름 5cm,
높이 3cm)

Ingredients

바닐라 케이크
버터 56g
식용유 14g
설탕 100g
달걀 60g
바닐라 익스트랙 2g
박력분 122g
아몬드가루 10g
베이킹소다 0.6g
베이킹파우더 0.8g
우유 52g

멜론 프로스팅
버터 200g
분당 50g
이탈리안 머랭 18p
50g
머스크 멜론 간 것 120g
파란색 식용 색소 소량
초록색 식용 색소 소량

기타
멜론 적당량

바닐라 케이크

1. 볼에 말랑한 상태의 버터, 식용유를 넣고 가볍게 섞어줍니다.

point 버터는 22℃ 내외로 준비해 사용합니다.

2. 설탕을 3번 나눠 넣어가며 섞어줍니다.

3. 실온 상태의 달걀과 바닐라 익스트 랙을 2번 나눠 넣어가며 골고루 섞어줍 니다.

4. 체 친 박력분, 아몬드가루, 베이킹소다, 베이킹파우더 1/2을 넣고 날가루가 보이 지 않을 때까지 섞어줍니다.

5. 실온 상태의 우유를 넣고 섞어줍 니다.

6. 남은 가루 재료를 넣고 날가루가 보이 지 않을 때까지 섞어줍니다.

7. 반죽을 짤주머니에 담아 머핀컵을 깐 팬에 90% 정도로 채워줍니다.

8. 175℃로 예열된 오븐에서 10분간 굽고, 틀을 돌려 15분간 더 구워줍니다.

point 이 책에서 소개하는 케이크와 머핀 반 죽, 프로스팅은 모두 사용하는 틀에 맞춰 배합 을 계산했기 때문에 로스(남는 것)가 거의 없습 니다. 책에서 사용한 것과 같은 틀을 사용한다면 6군데에 균일하게 나눠주시면 됩니다.

point 구워져 나온 후에는 틀째 5분 정도 식힌 후 틀에서 꺼내 식힘망 위에서 식혀줍니다.

멜론 프로스팅

9. 볼에 말랑한 상태의 버터를 넣고 가볍게 풀어줍니다.

point 버터는 22℃ 내외로 준비해 사용합니다.

10. 체 친 분당을 넣고 가루가 보이지 않을 때까지 섞어줍니다.

11. 이탈리안 머랭을 넣고 섞어줍니다.

12. 실온 상태의 머스크 멜론 간 것을 조금씩 나눠 넣어가며 섞어줍니다.

point 갈아둔 멜론은 25℃ 내외로 준비해 사용합니다.

13. 파란색, 초록색 식용 색소를 넣고 섞어 연한 초록빛이 도는 멜론 색으로 만들어줍니다.

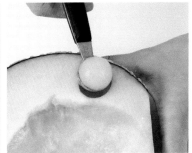

마무리

14. 화채스쿱을 이용해 멜론을 동그랗게 파냅니다.

15. 바닐라 케이크에 멜론 프로스팅을 올린 후 미니 스페출러로 옆면과 윗면의 삭을 잡아줍니다.

16. 동그랗게 파낸 멜론을 올려 마무리합 니다.

Key Lime Cupcake

키라임 컵케이크

여기에서 사용한 키라임은 일반적으로 흔히 접하는 페르시아라임에 비해 크기가 작고
껍질이 얇으며 산도가 높고 향긋함이 강한 것이 특징이에요. 키라임의 상큼함을 담아 커
드를 만들어 레몬 케이크에 채우고, 달콤하고 부드러운 이탈리안 머랭을 올려 마무리했
어요. 입 안에서 톡톡 터지는 라임의 기분 좋은 상큼함을 느껴보세요.

Cupcakes

6개

Tools

머핀틀 6구
(윗지름 7cm, 아랫지름 5cm,
높이 3cm)

Ingredients

레몬 케이크
버터 99g
레몬제스트 1.5g
설탕 99g
달걀 65g
중력분 65g
박력분 41g
베이킹파우더 1g
베이킹소다 0.5g
우유 41g
레몬즙 5g

라임 커드
라임즙 32g
레몬즙 16g
레몬제스트 0.4g
라임제스트 2g
설탕 44g
달걀 53g
노른자 6g
옥수수전분 2g
버터 64g

기타
이탈리안 머랭 18p
적당량
라임제스트 적당량

레몬 게이그

1. 볼에 말랑한 상태의 버터와 레몬제스트를 넣고 가볍게 풀어줍니다.

point 버터는 22℃ 내외로 준비해 사용합니다.

2. 설탕을 3번 나눠 넣어가며 섞어줍니다.

3. 실온 상태의 달걀을 2번 나눠 넣어가며 골고루 섞어줍니다.

4. 체 친 중력분, 박력분, 베이킹파우더, 베이킹소다 1/2을 넣고 날가루가 보이지 않을 때까지 섞어줍니다.

5. 실온 상태의 우유에 레몬즙을 섞고 반죽에 넣은 후 물기가 보이지 않을 때까지 섞어줍니다.

6. 남은 가루 재료를 넣고 날가루가 보이지 않을 때까지 섞어줍니다.

7. 반죽을 짤주머니에 담아 머핀컵을 깐 팬에 80% 정도로 채워줍니다.

point 이 책에서 소개하는 케이크와 머핀 반죽, 프로스팅은 모두 사용하는 틀에 맞춰 배합을 계산했기 때문에 로스(남는 것)가 거의 없습니다. 책에서 사용한 것과 같은 틀을 사용한다면 6군데에 균일하게 나눠주시면 됩니다.

8. 175℃로 예열된 오븐에서 10분간 굽고, 틀을 돌려 15분간 더 구워줍니다.

point 구워져 나온 후에는 틀째 5분 정도 식힌 후 틀에서 꺼내 식힘망 위에서 식혀줍니다.

라임 커드

9. 냄비에 버터를 제외한 모든 재료를
넣고 섞어줍니다.

10. 중불에서 가열해 완전히 끓어오르면
불에서 내려줍니다.

11. 체에 내려줍니다.

12. 밀착 랩핑해 40℃까지 식혀줍니다.

13. 말랑한 상태의 버터를 넣고 바믹서로 블렌딩합니다.

마무리

14. 과일씨제거기를 이용해 레몬 케이크 중앙을 파냅니다.

15. 빈 공간에 라임 커드를 채워줍니다.

16. 796번 깍지를 끼운 짤주머니에 이
탈리안 머랭을 담아 파이핑합니다.

point 주름이 잡힌 모양으로 파이핑되는 깍지
이므로 수직으로 들어올려줍니다.

17. 토치로 그을려줍니다.

18. 이탈리안 머랭 중앙에 라임 커드를
채워줍니다.

19. 라임제스트를 뿌려 마무리합니다.

Tropical Cupcake

트로피컬 컵케이크

한 입 베어 물면 야자수가 펼쳐진 열대 섬이 눈 앞에 펼쳐지는 트로피컬 컵케이크예요.
패션푸르트 퓌레와 망고 퓌레를 사용해 열대과일의 향긋함을 한껏 느낄 수 있어요. 프로
스팅에 붙인 코코넛가루와의 조합도 참 잘 어울린답니다.

Cupcakes

6개

Tools

일자 머핀틀 6구
(윗지름 7.2cm, 아랫지름 5.8cm,
높이 4.5cm)

Ingredients

패션푸르트 케이크
버터 90g
설탕 110g
달걀 110g
박력분 150g
베이킹파우더 0.5g
베이킹소다 1g
패션푸르트 퓌레 60g
(씨 없는 것)

패션 망고 잼
패션푸르트 퓌레 52g
(씨 있는 것)
패션푸르트 퓌레 15g
(씨 없는 것)
망고 퓌레 30g
설탕 75g
NH펙틴 2.5g

망고 버터 프로스팅
버터 150g
분당 35g
이탈리안 머랭 18p
35g
망고 퓌레 90g
레몬즙 15g

기타
코코넛가루 적당량

패션푸르트 케이크

1. 볼에 말랑한 상태의 버터를 넣고 가볍게 풀어줍니다.

point 버터는 22℃ 내외로 준비해 사용합니다.

2. 설탕을 3번 나눠 넣어가며 섞어줍니다.

3. 실온 상태의 달걀을 2번 나눠 넣어가며 골고루 섞어줍니다.

4. 체 친 박력분, 베이킹파우더, 베이킹소다 1/2을 넣고 날가루가 보이지 않을 때까지 섞어줍니다.

5. 실온 상태의 패션푸르트 퓌레를 넣고 물기가 보이지 않을 때까지 섞어줍니다.

6. 남은 가루 재료를 넣고 날가루가 보이지 않을 때까지 섞어줍니다.

7. 반죽을 짤주머니에 담아 머핀컵을 깐 팬에 80% 정도로 채워줍니다.

point 이 책에서 소개하는 케이크와 머핀 반죽, 프로스팅은 모두 사용하는 틀에 맞춰 배합을 계산했기 때문에 로스(남는 것)가 거의 없습니다. 책에서 사용한 것과 같은 틀을 사용한다면 6군데에 균일하게 나눠주시면 됩니다.

8. 175℃로 예열된 오븐에서 10분간 굽고, 틀을 돌려 15분간 더 구워줍니다.

point 구워져 나온 후에는 틀째 5분 정도 식힌 후 틀에서 꺼내 식힘망 위에서 식혀줍니다.

패션 망고 잼

9. 냄비에 두 가지 패션푸르트 퓌레와 망고 퓌레를 담고 40℃까지 가열합니다.

10. 40℃가 되면 미리 섞어둔 설탕과 NH 펙틴을 조금씩 넣어가며 섞으면서 가열합니다.

11. 100℃까지 가열한 후 식혀 사용합니다.

망고 버터 프로스팅

12. 볼에 말랑한 상태의 버터와 체 친 분당을 넣고 섞어줍니다.

13. 이탈리안 머랭을 넣고 섞어줍니다.

point. 버터는 22℃ 내외로 준비해 사용합니다.

14. 미리 섞어둔 실온 상태의 망고 퓌레와 레몬즙을 5번에 나눠 넣어가며 섞어줍니다.

point. 퓌레는 25℃ 내외로 준비해 사용합니다.

마무리

15. 과일씨제거기를 이용해 패션푸르 트 케이크 중앙을 파냅니다.

16. 빈 공간에 패션 망고 잼을 채워줍니다.

17. 809번 원형 깍지를 끼운 짤주머니 에 망고 버터 프로스팅을 담아 패션 망 고 잼 위에 동그랗게 파이핑합니다.

18. 원을 그리며 한 번 더 파이핑합니다.

point 처음 파이핑한 가운데보다 가장자리가 더 높아야 패션 망고 잼을 채울 수 있습니다.

19. 코코넛가루를 묻혀줍니다.

20. 중앙에 패션 망고 잼을 채워 마무리
합니다.

Rose Raspberry Cupcake

로즈 라즈베리 컵케이크

과하지 않은 장미향이 은은하게 느껴지는 기분 좋은 컵케이크예요. 리치 과육을 넣고 촉촉하게 구워낸 케이크 속에 새콤달콤한 리치 라즈베리 잼을 채우고 장미향이 느껴지는 프로스팅으로 마무리했어요. 장미 꽃잎으로 장식해 더 우아한 느낌으로 특별한 날 즐기기에 더없이 좋은 컵케이크랍니다.

Cupcakes

6개

Tools

일자 머핀틀 6구
(윗지름 7.2cm, 아랫지름 5.8cm,
높이 4.5cm)

Ingredients

리치 케이크
버터 93g
설탕 116g
달걀 94g
박력분 134g
아몬드가루 46g
베이킹파우더 1.3g
베이킹소다 0.4g
생크림 23g
다진 리치 과육 85g

리치 라즈베리 잼
냉동 라즈베리 55g
리치 퓌레 14g
설탕 60g
NH펙틴 1.5g
디종 장미 15g
(장미 리큐어)

이스파한 프로스팅
버터 240g
분당 47g
이탈리안 머랭 18p
60g
리치 퓌레 85g
라즈베리 퓌레 48g
디종 로즈 30g

기타
식용 장미 꽃잎 적당량

131

리치 케이크

1. 볼에 말랑한 상태의 버터를 넣고 가볍게 풀어준 다음 설탕을 3번 나눠 넣어가며 섞어줍니다.

point 버터는 22℃ 내외로 준비해 사용합니다.

2. 실온 상태의 달걀을 2번 나눠 넣어가며 골고루 섞어줍니다.

3. 체 친 박력분, 아몬드가루, 베이킹파우더, 베이킹소다 1/2을 넣고 날가루가 보이지 않을 때까지 섞어줍니다.

4. 실온 상태의 생크림을 넣고 물기가 보이지 않을 때까지 섞어줍니다.

5. 남은 가루 재료를 넣고 날가루가 보이지 않을 때까지 섞어줍니다.

6. 다진 리치 과육을 넣고 가볍게 섞어줍니다.

point 리치 과육은 적당한 크기로 다진 후 물기를 제거해 사용합니다.

7. 반죽을 짤주머니에 담아 머핀컵을 깐 팬에 80% 정도로 채워줍니다.

point 이 책에서 소개하는 케이크와 머핀 반죽, 프로스팅은 모두 사용하는 틀에 맞춰 배합을 계산했기 때문에 로스(남는 것)가 거의 없습니다. 책에서 사용한 것과 같은 틀을 사용한다면 6군데에 균일하게 나눠주시면 됩니다.

8. 175℃로 예열된 오븐에서 10분간 굽고, 틀을 돌려 15분간 더 구워줍니다.

point 구워져 나온 후에는 틀째 5분 정도 식힌 후 틀에서 꺼내 식힘망 위에서 식혀줍니다.

리치 라즈베리 잼

9. 냄비에 냉동 라즈베리, 리치 퓌레를 넣고 40℃까지 가열합니다.

10. 미리 섞어둔 설탕과 NH펙틴을 조금씩 넣어가며 섞어줍니다.

11. 100℃까지 가열합니다.

12. 불에서 내린 후 완전히 식으면 디종 장미를 넣고 섞어줍니다.

이스파한 프로스팅

13. 볼에 말랑한 상대의 버터, 체 친 분당을 넣고 섞어줍니다.

14. 이탈리안 머랭을 넣고 섞어줍니다.

point 버터는 22℃ 내외로 준비해 사용합니다.

15. 리치 퓌레, 라즈베리 퓌레, 디종 장미를 5번 나눠 넣어가며 섞어줍니다.

point 퓌레는 25℃ 내외로 준비해 사용합니다.

마무리

16. 과일씨제거기를 이용해 리치 케이크 중앙을 파냅니다.

17. 빈 공간에 리치 라즈베리 잼을 채워줍니다.

18. 지름 2.5cm 원형 깍지를 끼운 짤주머니에 이스파한 프로스팅을 담아 파이핑합니다.

point 원형 깍지를 사용할 때는 짤주머니를 수직으로 잡고 파이핑해야 봉긋한 예쁜 원형으로 완성할 수 있습니다.

19. 식용 장미 꽃잎을 올려 마무리합니다.

Piñacolada Cupcake

피나콜라다 컵케이크

럼, 코코넛, 파인애플로 만드는 파나콜라다 칵테일을 생각하며 만들어본 컵케이크예요. 파인애플이 콕콕 씹히는 케이크 위에 부드럽고 달콤한 코코넛 몽테를 올리고 만개한 꽃처럼 활짝 핀 파인애플 칩을 얹어 맛도 모양도 화려하게 완성했습니다.

Cupcakes

6개

Tools

일자 머핀틀 6구
(윗지름 7.2cm, 아랫지름 5.8cm,
높이 4.5cm)

Ingredients

코코넛 케이크
버터 90g
설탕 100g
달걀 80g
박력분 125g
코코넛가루 40g
베이킹파우더 1.2g
베이킹소다 0.4g
우유 35g
다진 파인애플 40g

바닐라 파인애플 잼
다진 파인애플 60g
바닐라빈 1/8개
설탕 50g
NH펙틴 1.5g
모나크 코코넛 럼 12g

코코넛 몽테
생크림 120g
코코넛밀크 75g
화이트초콜릿 70g
(Belcolade 30%)
모나크 코코넛 럼 20g

파인애플 칩
파인애플 적당량

코코넛 케이크

1. 볼에 말랑한 상태의 버터를 넣고 가볍게 풀어준 다음 설탕을 2번 나눠 넣어가며 섞어줍니다.

2. 실온 상태의 달걀을 나눠 넣어가며 골고루 섞어줍니다.

point 버터는 22℃ 내외로 준비해 사용합니다.

3. 체 친 박력분, 코코넛가루, 베이킹파우더, 베이킹소다 1/2을 넣고 날가루가 보이지 않을 때까지 섞어줍니다.

4. 실온 상태의 우유를 넣고 물기가 보이지 않을 때까지 섞어줍니다.

5. 남은 가루 재료를 넣고 날가루가 보이지 않을 때까지 섞어줍니다.

6. 다진 파인애플을 넣고 가볍게 섞어줍니다.

point 파인애플은 사방 1cm 정도로 자른 후 물기를 제거해 사용합니다.

7. 반죽을 짤주머니에 담아 머핀컵을 깐 팬에 80% 정도로 채워줍니다.

point 이 책에서 소개하는 케이크와 머핀 반죽, 프로스팅은 모두 사용하는 틀에 맞춰 배합을 계산했기 때문에 로스(남는 것)가 거의 없습니다. 책에서 사용한 것과 같은 틀을 사용한다면 6군데에 균일하게 나눠주시면 됩니다.

8. 175℃로 예열된 오븐에서 10분간 굽고, 틀을 돌려 15분간 더 구워줍니다.

point 구워져 나온 후에는 틀째 5분 정도 식힌 후 틀에서 꺼내 식힘망 위에서 식혀줍니다.

바닐라 파인애플 잼

9. 냄비에 다진 파인애플, 바닐라빈을 넣고 40℃까지 가열합니다.

10. 미리 섞어둔 설탕과 NH펙틴을 조금씩 넣어가며 섞어줍니다.

11. 100℃까지 가열한 후 불에서 내려 식혀줍니다.

12. 완전히 식으면 모나크 코코넛 럼을 넣고 섞어줍니다.

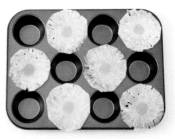

파인애플 칩

13. 껍질을 제거한 파인애플을 1mm 정도로 얇게 슬라이스합니다.

14. 슬라이스한 파인애플은 머핀틀 위에 올려 90℃에서 1시간 말려줍니다.

point 파인애플이 눌어붙지 않도록 머핀틀 안쪽에 식용유를 바른 후 키친타월로 가볍게 닦아 사용합니다.

15. 오븐에서 꺼내 틀 공간에 맞춰 살짝 눌러줍니다.

16. 다시 오븐에 넣고 1시간 30분 말려줍니다.

코코넛 몽테

17. 냄비에 생크림, 코코넛밀크를 넣고 한 번 끓어오를 때까지 가열합니다.

18. 화이트초콜릿이 담긴 비커에 부어줍니다.

19. 바믹서로 블렌딩합니다.

20. 밀착 랩핑한 후 12시간 이상 냉장 휴지시켜줍니다.

마무리

21. 휴지를 마친 크림에 모나크 럼을 넣어줍니다.

22. 휘퍼 날이 지나간 자리에 선명한 결이 생길 때까지 휘핑합니다.

23. 지름 2.5cm 원형 깍지를 끼운 짤주머니에 코코넛 몽테를 담아 코코넛 케이크 중앙에 봉긋하게 파이핑합니다.

point 원형 깍지를 사용할 때는 짤주머니를 수직으로 잡고 파이핑해야 봉긋한 예쁜 원형으로 완성할 수 있습니다.

24. 파인애플 칩을 올려 마무리합니다.

Mont Blanc Cupcake

몽블랑 컵케이크

찬바람이 불어오면 생각나는 밤 디저트, 가을의 정취를 그대로 옮겨다 놓은 듯한 몽블랑 컵케이크를 소개해볼게요. 보드라운 바닐라 케이크에 밤 향이 짙은 리큐어를 사용해 촉촉하면서도 진한 맛의 밤 케이크를 만들어보았어요. 케이크 위에 올리는 보늬밤은 시판 제품을 사용해도 좋고, 제철 밤으로 직접 만들어보아도 좋아요.

Cupcakes

6개

Tools

머핀틀 6구
(윗지름 7cm, 아랫지름 5cm,
높이 3cm)

Ingredients

바닐라 케이크
달걀 75g
설탕 100g
소금 1g
박력분 100g
베이킹파우더 0.6g
우유 60g
녹인 버터 53g
식용유 10g
바닐라 익스트랙 1g

마롱 시럽
디종 밤 30g
30°B 시럽 30g
 20p

마롱 프로스팅
마롱 페이스트 220g
디종 밤(밤 리큐어) 20g
크렘 파티시에르 14p
100g

기타
크렘 파티시에르 14p
150g
보늬밤 6개

147

바닐라 케이크

1. 볼에 달걀, 설탕, 소금을 넣고 따뜻한 물이 담긴 볼에 받쳐 35℃가 될 때까지 중속으로 휘핑합니다.

2. 35℃가 되면 중탕 볼에서 내려 고속으로 휘핑합니다.

3. 연한 미색이 될 때까지 휘핑합니다.

4. 체 친 박력분, 베이킹파우더를 넣고 섞어줍니다.

5. 실온 상태의 우유를 넣고 섞어줍니다.

6. 녹인 버터, 식용유, 바닐라 익스트랙을 넣고 섞어줍니다.

7. 반죽을 짤주머니에 담아 머핀컵을 깐 팬에 90% 정도로 채워줍니다.

point 이 책에서 소개하는 케이크와 머핀 반죽, 프로스팅은 모두 사용하는 틀에 맞춰 배합을 계산했기 때문에 로스(남는 것)가 거의 없습니다. 책에서 사용한 것과 같은 틀을 사용한다면 6군데에 균일하게 나눠주시면 됩니다.

8. 175℃로 예열된 오븐에서 10분간 구운 후 틀을 돌려 15분간 더 구워줍니다.

point 구워져 나온 후에는 틀째 5분 정도 식힌 후 틀에서 꺼내 식힘망 위에서 식혀줍니다.

마롱 프로스팅

9. 볼에 마롱 페이스트, 디종 밤을 넣고 섞어줍니다.

10. 크렘 파티시에르를 넣고 골고루 섞어줍니다.

point 크렘 파티시에르는 25℃ 내외로 준비해 사용합니다.

11. 체에 내려줍니다.

point 몽블랑 깍지는 구멍이 작기 때문에 마롱 크림을 체에 곱게 내려주지 않으면 파이핑을 하기 어렵습니다.

마롱 시럽

12. 디종 밤과 30°B 시럽을 섞어줍니다.

마무리

13. 케이크 윗면을 살짝 잘라 평평하게 만들어줍니다.

14. 케이크 윗면에 마롱 시럽을 적셔줍니다.

15. 지름 1cm 원형 깍지를 끼운 짤주머니에 크렘 파티시에르를 담아 정중앙에 (가장자리 공간에 여유를 두고) 봉긋하게 파이핑합니다.

16. 몽블랑 깍지를 끼운 짤주머니에 마롱 프로스팅을 담아 크렘 파티시에르를 감싸듯 파이핑합니다.

17. 크렘 파티시에르가 보이지 않게 봉긋한 모양으로 원을 그려가며 파이핑합니다.

18. 보늬밤을 올려 마무리합니다.

Mint Chocolate Cupcake

민트 초콜릿 컵케이크

민초단을 위한 컵케이크를 소개해요. 케이크부터 크림까지 민트향을 온전히 느낄 수 있는 메뉴입니다. 착향료 대신 상쾌한 민트향이 매력적인 민트 리큐어를 사용해 인위적이지 않은 자연스러운 맛과 향으로 완성했습니다.

Cupcakes

6개

Tools

일자 머핀틀 6구
(윗지름 7.2cm, 아랫지름 5.8cm,
높이 4.5cm)

Ingredients

민트 초콜릿 케이크
버터 100g
황설탕 122g
달걀 117g
바닐라 익스트랙 2g
박력분 110g
아몬드가루 41g
카카오파우더 23g
베이킹파우더 0.5g
베이킹소다 0.3g
물 46g
조각낸 민트 초콜릿 70g

민트 버터 프로스팅
버터 100g
이탈리안 머랭 **18p**
50g
디종 민트(민트 리큐어) 35g
파란색 식용 색소 약간

초콜릿 버터 프로스팅
다크초콜릿 73g
(Belcolade 60days 74%)
버터 200g
분당 26g
카카오파우더 16g

민트 시럽
디종 민트 15g
30°B 시럽 15g

기타
조각낸 민트 초콜릿 20g

민트 초콜릿 케이크

1. 볼에 말랑한 상태의 버터를 넣고 가볍게 풀어준 다음 황설탕을 3번 나눠 넣어가며 섞어줍니다.

point 버터는 22℃ 내외로 준비해 사용합니다.

2. 실온 상태의 달걀과 바닐라 익스트랙을 2번 나눠 넣어가며 골고루 섞어줍니다.

3. 체 친 박력분, 아몬드가루, 카카오파우더, 베이킹파우더, 베이킹소다 1/2을 넣고 날가루가 보이지 않을 때까지 섞어줍니다.

4. 물을 넣고 물기가 보이지 않을 때까지 섞어줍니다.

5. 남은 가루 재료를 넣고 날가루가 보이지 않을 때까지 섞어줍니다.

6. 적당한 크기로 조각을 낸 민트 초콜릿을 넣고 섞어줍니다.

7. 반죽을 짤주머니에 담아 머핀컵을 깐 팬에 80% 정도로 채워줍니다.

point 이 책에서 소개하는 케이크와 머핀 반죽, 프로스팅은 모두 사용하는 틀에 맞춰 배합을 계산했기 때문에 로스(남는 것)가 거의 없습니다. 책에서 사용한 것과 같은 틀을 사용한다면 6군데에 균일하게 나눠주시면 됩니다.

8. 175℃로 예열된 오븐에서 10분간 굽고, 틀을 돌려 15분간 더 구워줍니다.

point 구워져 나온 후에는 틀째 5분 정도 식힌 후 틀에서 꺼내 식힘망 위에서 식혀줍니다.

민트 버터 프로스팅

9. 볼에 말랑한 상태의 버터와 이탈리안 머랭을 넣고 섞어줍니다.

point 버터는 22℃ 내외로 준비해 사용합니다.

10. 디종 민트를 넣고 섞어줍니다.

민트 시럽

11. 파란색 식용 색소를 넣고 섞어 민트 색으로 만들어줍니다.

12. 디종 민트와 30°B 시럽을 섞어줍니다.

초콜릿 버터 프로스팅

13. 볼에 다크초콜릿을 넣고 따뜻한 물이 담긴 볼에 받쳐 저어가며 녹여줍니다.

point 다크초콜릿은 녹인 후 30℃로 맞춰 사용합니다.

14. 볼에 말랑한 상태의 버터, 체 친 분당과 카카오파우더를 넣고 섞어줍니다.

15. 13에서 녹인 다크초콜릿(30℃)을 넣고 골고루 섞어줍니다.

마무리

16. 민트 초콜릿 케이크 윗면에 민트 시럽을 적서줍니다.

17. 1.7cm 원형 깍지를 끼운 짤주머니에 초콜릿 버터 프로스팅을 담고 두 바퀴 파이핑합니다. 파이핑한 후 잠시 냉동실에 두어 굳혀줍니다.

point 곧바로 다음 프로스팅을 파이핑하면 아래쪽 크림이 무너져내릴 수 있습니다.

18. 민트 버터 프로스팅을 두 바퀴 파이핑합니다.

19. 조각낸 민트 초콜릿을 올려 마무리합니다.

Tiramisu Cupcake

티라미수 컵케이크

이탈리아어로 '나를 끌어 올려주세요.'라는 뜻의 티라미수를 컵케이크 버전으로 만들어 보았어요. 가볍고 폭신한 바닐라 케이크에 커피 시럽을 충분히 적시고 우유의 진한 풍미를 느낄 수 있는 마스카르포네 프로스팅을 듬뿍 올린 후 카카오파우더를 뿌려 마무리했어요. 인스턴트 커피에 커피 리큐어를 더해 좀 더 풍부하고 고급스러운 커피 향이 느껴지는 것이 포인트입니다.

Cupcakes

6개

Tools

빅머핀틀 6구
(윗지름 8.5cm, 아랫지름 6cm,
높이 4.5cm)

Ingredients

티라미수 케이크
달걀 150g
설탕 85g
꿀 8g
물 5g
박력분 100g
녹인 버터 10g
우유 20g
바닐라 익스트랙 2g

마스카르포네 프로스팅
마스카르포네 치즈 150g
크렘 앙글레이즈
100g
생크림 300g
설탕 20g

커피 시럽
30°B 시럽 30g
인스턴트 커피가루 3g
모나크 커피 50g
(커피 리큐어)

기타
카카오파우더 적당량

163

티라미수 케이크

1. 볼에 달걀, 설탕, 꿀, 물을 넣고 따뜻한 물이 담긴 볼에 받쳐 35℃가 될 때까지 중속으로 휘핑합니다.

2. 35℃가 되면 중탕볼에서 내려 고속으로 휘핑하며 공기를 포집해줍니다.

3. 중속으로 낮춰 휘핑합니다.

4. 휘퍼로 반죽을 들어올렸을 때 리본 모양이 그려지고, 리본 모양이 3초 정도 유지되면 마무리합니다.

5. 체 친 박력분을 넣고 빠르게 섞어줍니다.

6. 녹인 버터, 우유, 바닐라 익스트랙이 담긴 볼에 **5**의 일부를 넣고 애벌로 섞어줍니다.

7. 5에 6을 넣고 섞어줍니다.

8. 반죽을 짤주머니에 담아 머핀컵을 깐 팬에 90% 정도 채워줍니다.

point 이 책에서 소개하는 케이크와 머핀 반죽, 프로스팅은 모두 사용하는 틀에 맞춰 배합을 계산했기 때문에 로스(남는 것)가 거의 없습니다. 책에서 사용한 것과 같은 틀을 사용한다면 6군데에 균일하게 나눠주시면 됩니다.

9. 175℃로 예열된 오븐에서 10분간 굽고, 틀을 돌려 10분간 더 구워줍니다.

10. 구워져나온 티라미수 케이크는 틀에서 바로 꺼낸 후 뒤집어 식힘망 위에서 5분간 식힌 후 다시 뒤집어 완전히 식혀줍니다.

point 수분이 많은 반죽이라 그대로 식히면 반죽 아랫부분이 떡질 수 있습니다.

마스카르포네 프로스팅

11. 볼에 부드러운 상태의 마스카르포네 치즈를 넣고 크렘 앙글레이즈를 2번 나눠 넣어가며 섞어줍니다.

point. 크렘 앙글레이즈는 25℃ 내외로 준비해 사용합니다.

12. 다른 볼에 생크림, 설탕을 넣고 80%로 휘핑합니다.

13. 11에 12를 두 번에 나눠 넣으며 골고루 섞어줍니다.

커피 시럽

14. 30°B 시럽, 인스턴트 커피가루, 모나크 커피를 섞어줍니다.

마무리

15. 티라미수 케이크 윗면에 커피 시럽을 발라줍니다.

16. 지름 2cm 원형 깍지를 낀 짤주머니에 마스카르포네 프로스팅을 담고 동그랗게 원을 그려가며 총 세 바퀴 파이핑합니다.

17. 카카오파우더를 뿌려 마무리합니다.

Thankyou

thank you for your purchase order.
every day is special day.

Smoked Salmon Cupcake

훈제 연어 컵케이크

전식으로 가볍게 먹을 수 있는 식사용 컵케이크예요. 짭조름한 맛과 스모키한 향을 느낄 수 있는 훈제 연어가 콕콕 박혀 있어요. 여기에 훈제 연어와 잘 어울리는 향긋한 레몬 딜 크림치즈를 올려 요리를 먹는 듯한 느낌의 컵케이크로 완성했어요.

Cupcakes

12개

Tools

미니머핀틀 12구
(윗지름 4.2cm,
아랫지름 4cm, 높이 2cm)

Ingredients

훈제 연어 케이크	레몬 딜 프로스팅	기타
훈제 연어 60g	크림치즈 200g	딜 적당량
다진 차이브 5g	소금 3g	
후추 2g	플레인요거트 100g	
식용유 약간	다진 마늘 8g	
양파 100g	레몬즙 10g	
버터 100g	레몬제스트 4g	
소금 3.5g	설탕 10g	
달걀 110g	다진 딜 6g	
간 옥수수 40g		
박력분 70g		
옥수수가루 60g		
베이킹파우더 2.3g		
베이킹소다 0.2g		

훈제 연어 케이크

1. 훈제 연어, 다진 차이브, 후추를 골고루 섞어 준비합니다.

2. 식용유를 두른 팬에 사방 1cm로 썬 양파를 넣고 갈색이 될 때까지 볶아 식혀 준비합니다.

3. 볼에 말랑한 상태의 버터, 소금을 넣고 가볍게 풀어줍니다.

point 버터는 22℃ 내외로 준비해 사용합니다.

4. 실온 상태의 달걀을 조금씩 나눠 넣어가며 골고루 섞어줍니다.

5. 간 옥수수를 넣고 골고루 섞어줍니다.

6. 체 친 박력분, 옥수수가루, 베이킹파우더, 베이킹소다를 넣고 날가루가 보이지 않을 때까지 섞어줍니다.

7. 1과 2를 넣고 가볍게 섞어줍니다.

8. 반죽을 짤주머니에 담아 머핀컵을 깐 팬에 80% 정도 채워줍니다.

point 이 책에서 소개하는 케이크와 머핀 반죽, 프로스팅은 모두 사용하는 틀에 맞춰 배합을 계산했기 때문에 로스(남는 것)가 거의 없습니다. 책에서 사용한 것과 같은 틀을 사용한다면 12군데에 균일하게 나눠주시면 됩니다.

9. 175℃로 예열된 오븐에서 15분간 구워줍니다.

point 구워져 나온 후에는 틀째 5분 정도 식힌 후 틀에서 꺼내 식힘망 위에서 식혀줍니다.

레몬 딜 프로스팅

10. 볼에 부드러운 상태의 크림치즈를 넣고 가볍게 풀어줍니다.

11. 다진 딜을 제외한 모든 재료를 넣고 골고루 섞어줍니다.

12. 다진 딜을 넣고 가볍게 섞어줍니다.

마무리

13. 8발 별 깍지를 끼운 짤주머니에 레몬 딜 프로스팅을 담고 훈제 연어 케이크에 파이핑합니다.

14. 딜을 올려 마무리합니다.

Truffle Potato Cupcake

트러플 감자 컵케이크

시원한 맥주와도, 샴페인이나 화이트와인과도 잘 어울리는 한 입 크기의 안주용 컵케이크예요. 버섯 향이 진한 양송이 케이크 위에 트러플오일로 포인트를 준 부드러운 감자 트러플 프로스팅을 얹어 감칠맛나게 마무리했어요. 그냥 먹어도 맛있는 치즈 칩은 넉넉하게 만들어두고 맥주 안주로 먹어도 그만이에요.

Cupcakes

12개

Tools

미니머핀틀 12구
(윗지름 4.2cm,
아랫지름 4cm, 높이 2cm)

Ingredients

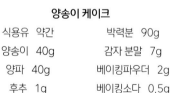

양송이 케이크

식용유 약간	박력분 90g
양송이 40g	감자 분말 7g
양파 40g	베이킹파우더 2g
후추 1g	베이킹소다 0.5g
버터 70g	브리치즈 50g
설탕 7g	
소금 3g	
달걀 107g	

감자 트러플 프로스팅

버터 160g
소금 3g
익힌 감자 360g
트러플오일 2g

치즈 칩

파르메산치즈 50g
레드페퍼 홀 적당량

179

치즈 칩

1. 테프론시트를 깐 철판에 강판에 곱게
간 파르메산 치즈를 넓게 펼쳐줍니다.

2. 레드페퍼 홀을 뿌려줍니다.

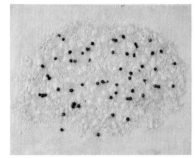

3. 170℃로 예열된 오븐에서 5분간 구
워줍니다.

4. 완전히 식힌 후 적당한 크기로 잘라 사
용합니다.

양송이 케이크

5. 식용유를 두른 팬에 사방 1cm로 자른 양송이와 양파, 후추를 넣고 갈색이 될 때까지 볶은 후 식혀줍니다.

6. 볼에 말랑한 상태의 버터, 설탕, 소금을 넣고 섞어줍니다.

point 버터는 22℃ 내외로 준비해 사용합니다.

7. 실온 상태의 달걀을 나눠 넣으면서 골고루 섞어줍니다.

8. 체 친 박력분, 감자 분말, 베이킹파우더, 베이킹소다를 넣고 가볍게 섞어줍니다.

9. 5와 사방 1cm로 썬 브리치즈를 넣고 가볍게 섞어줍니다.

10. 반죽을 짤주머니에 담아 머핀컵을 깐 팬에 80% 정도로 채워줍니다.

point 이 책에서 소개하는 케이크와 머핀 반죽, 프로스팅은 모두 사용하는 틀에 맞춰 배합을 계산했기 때문에 로스(남는 것)가 거의 없습니다. 책에서 사용한 것과 같은 틀을 사용한다면 12군데에 균일하게 나눠주시면 됩니다.

11. 175℃로 예열된 오븐에서 15분간 구워줍니다.

point 구워져 나온 후에는 틀째 5분 정도 식힌 후 틀에서 꺼내 식힘망 위에서 식혀줍니다.

감자 트러플 프로스팅

12. 볼에 말랑한 상태의 버터를 넣고 가볍게 풀어줍니다.

13. 소금을 넣고 섞어줍니다.

14. 익힌 후 체에 내려 식힌 감자를 넣고 골고루 섞어줍니다.

15. 트러플오일을 넣고 섞어줍니다.

마무리

16. 양송이 케이크 윗면을 살짝 잘라 평
평하게 만들어줍니다.

17. 지름 2.5cm 원형 깍지를 끼운 짤주머
니에 감자 트러플 프로스팅을 담고 양송이
케이크에 봉긋하게 파이핑합니다.

point 원형 깍지를 사용할 때는 짤주머니를 수직
으로 잡고 파이핑해야 봉긋한 예쁜 원형으로 완성
할 수 있습니다.

18. 트러플오일을 살짝 뿌려줍니다.

19. 치즈 칩을 올려 마무리합니다.

머핀은 컵케이크처럼 작은 크기로 하나씩 굽는, 프로스팅이나 장식을 올리지 않고 먹는 디저트 또는 식사용 케이크예요. 머핀이라는 이름의 유래에 대해서는 여러 가지 설이 있는데 그리스어로 '난로에 구운 작은 빵'을 뜻하는 'Maphula', 고대 프랑스어로 '부드러운 빵'을 뜻하는 'Mou-Pain', 독일어로 '작은 케이크'를 뜻하는 'Muffen'에서 유래되었다는 등 여러 가지 추측이 있어요. 설은 다양하지만 모두 작고 부드러운 빵을 뜻하고 있어 지금의 머핀과도 잘 어울리는 이름들이죠. 머핀은 설탕을 넣어 단맛이 나는 간식용 머핀, 그리고 단맛보다 짭조름한 맛이 강한 요리 재료로 만든 식사용 머핀으로 나눌 수 있어요. 머핀은 프로스팅을 올려 먹지 않고 케이크 자체로 먹기 때문에 주로 버터나 달걀, 가루 재료가 많이 들어가는 배합으로 굽는데, 파운드케이크 배합과 비슷해 묵직하면서 촉촉한 식감으로 완성되는 것이 특징이에요.

L'école Caku
MUFFIN
RECIPE

블루베리 소보로 머핀

머핀의 기본, 블루베리 머핀을 소개해볼게요. 상큼한 블루베리 과육과 보슬보슬 달콤한 소보로의 조화는 누구나 좋아할 맛일 거예요. 여기에서는 블루베리를 사용했지만 라즈베리, 체리, 딸기 등 좋아하는 과일을 넣고 구우면 향긋하고 촉촉한 과일 머핀으로 완성되니 취향에 따라 마음껏 응용해보세요.

Muffins

6개

Tools

빅머핀틀 6구
(윗지름 8.5cm, 아랫지름 6cm,
높이 4.5cm)

Ingredients

소보로

버터 42g
황설탕 52g
달걀 12g
박력분 86g
아몬드가루 17g

블루베리 머핀

버터 130g
설탕 130g
달걀 115g
박력분 170g
아몬드가루 30g
베이킹파우더 2.2g
베이킹소다 0.5g
우유 27g

냉동 블루베리(반죽용) 80g
다진 화이트초콜릿 50g
(Belcolade 30%)
냉동 블루베리(토핑용) 적당량

소보로

1. 볼에 말랑한 상태의 버터를 넣고 가볍게 풀어줍니다.

2. 황설탕을 3번 나눠 넣어가며 골고루 섞어줍니다.

3. 실온 상태의 달걀을 넣고 골고루 섞어줍니다.

4. 체 친 박력분, 아몬드가루를 넣고 저속으로 가볍게 섞어줍니다.

5. 동글동글한 덩어리가 생기면 믹싱을
멈추고 주걱으로 정리해줍니다.

6. 완성된 소보로는 10분간 냉동 보관해
굳힌 후 사용합니다.

블루베리 머핀

7. 볼에 말랑한 상태의 버터를 넣고 가
볍게 풀어줍니다.

8. 설탕을 3번 나눠 넣어가며 섞어줍니다.

POINT 버터는 22℃ 내외로 준비해 사용합니다.

9. 실온 상태의 달걀을 3번 나눠 넣어가며 골고루 섞어줍니다.

10. 채 친 박력분, 아몬드가루, 베이킹 파우더, 베이킹소다 1/2을 넣고 날가루가 보이지 않을 때까지 섞어줍니다.

11. 실온 상태의 우유를 넣고 물기가 보이지 않을 때까지 섞어줍니다.

12. 남은 가루 재료를 넣고 날가루가 보이지 않을 때까지 섞어줍니다.

13. 냉동 블루베리, 다진 화이트초콜릿을 넣고 가볍게 섞어줍니다.

14. 반죽을 짤주머니에 담아 머핀컵을 깐 팬에 80% 정도로 채워줍니다.

15. 소보로를 올려줍니다.

point 이 책에서 소개하는 케이크와 머핀 반죽, 프로스팅은 모두 사용하는 틀에 맞춰 배합을 계산했기 때문에 로스(남는 것)가 거의 없습니다. 책에서 사용한 것과 같은 틀을 사용한다면 6군데에 균일하게 나눠주시면 됩니다.

16. 토핑용 블루베리를 올려줍니다.

17. 175℃로 예열된 오븐에서 10분간 굽고, 틀을 돌려 20분간 더 구워줍니다.

point 구워져 나온 후에는 틀째 5분 정도 식힌 후 틀에서 꺼내 식힘망 위에서 식혀줍니다.

피칸 메이플 머핀

견과류가 듬뿍 들어가 하나만 먹어도 배가 든든해지는 피칸 메이플 머핀입니다. 잠들기 전 냉동실에 보관해둔 머핀을 미리 꺼내두었다가 바쁜 아침에 커피 한 잔과 즐기기에 더없이 좋은 디저트예요. 은은하게 느껴지는 메이플 시럽 특유의 달콤한 향이 포인트랍니다.

Muffins

6개

Tools

빅머핀틀 6구
(윗지름 8.5cm, 아랫지름 6cm,
높이 4.5cm)

Ingredients

피칸 머핀

버터 150g	우유 20g
황설탕 135g	플레인요거트 70g
소금 1g	구워 다진 피칸(반죽용) 70g
달걀 130g	구워 다진 피칸(토핑용) 80g
메이플 시럽 26g	
박력분 210g	
베이킹파우더 2g	
베이킹소다 0.8g	

메이플 글라세

분당 120g
물 16g
메이플 시럽 7g

기타
구운 피칸 6개

피칸 머핀

1. 볼에 말랑한 상태의 버터를 넣고 가볍게 풀어줍니다.

point 버터는 22℃ 내외로 준비해 사용합니다.

2. 황설탕, 소금을 3번 나눠 넣어가며 섞어줍니다.

3. 실온 상태의 달걀과 메이플 시럽을 3번 나눠 넣어가며 골고루 섞어줍니다.

4. 체 친 박력분, 베이킹파우더, 베이킹 소다 1/2을 넣고 날가루가 보이지 않을 때까지 섞어줍니다.

5. 실온 상태의 우유와 플레인요거트를 넣고 물기가 보이지 않을 때까지 섞어줍니다.

6. 남은 가루 재료를 넣고 날가루가 보이지 않을 때까지 섞어줍니다.

7. 구워 다진 피칸을 넣고 가볍게 섞어줍니다.

point 피칸은 175℃에서 5분간 구워 식힌 후 다져 사용합니다.

8. 반죽을 짤주머니에 담아 머핀컵을 깐 팬에 90% 정도 채워줍니다.

point 이 책에서 소개하는 케이크와 머핀 반죽, 프로스팅은 모두 사용하는 틀에 맞춰 배합을 계산했기 때문에 로스(남는 것)가 거의 없습니다. 책에서 사용한 것과 같은 틀을 사용한다면 6군데에 균일하게 나눠주시면 됩니다.

9. 토핑용 피칸을 올려줍니다.

10. 175℃로 예열된 오븐에서 10분간 굽고, 틀을 돌려 20분간 더 구워줍니다.

point 구워져 나온 후에는 틀째 5분 정도 식힌 후 틀에서 꺼내 식힘망 위에서 식혀줍니다.

메이플 글라세

11. 볼에 모든 재료를 넣고 주걱으로 골고
루 섞어 짤주머니에 담아 준비합니다.

마무리

12. 피칸 머핀 위에 메이플 글라세를 뿌
려줍니다.

13. 구운 피칸을 올려 마무리합니다.

더블 초콜릿 머핀

초콜릿으로 완전무장! 모양은 투박해도 맛은 세상 달콤한 초콜릿 머핀입니다. 차갑게 먹어도 맛있지만, 먹기 전 살짝 데워 초콜릿이 어느 정도 녹았을 때 차가운 우유와 함께 먹으면 천국의 맛을 느낄 수 있을 거예요..

Muffins

6개

Tools

빅머핀틀 6구
(윗지름 8.5cm, 아랫지름 6cm,
높이 4.5cm)

Ingredients

버터 145g
식용유 17g
설탕 170g
소금 1g
달걀 135g
바닐라 익스트랙 3g
박력분 235g
코코아파우더 45g
베이킹파우더 2.7g
베이킹소다 1.3g

우유 50g
사워크림 85g
다진 다크초콜릿 85g
(Belcolade 60days 74%)

다진 밀크초콜릿 30g
(Belcolade 35%)

청크초코칩(토핑용) 80g

1. 볼에 말랑한 상태의 버터, 식용유를 넣고 가볍게 풀어줍니다.

point 버터는 22℃ 내외로 준비해 사용합니다.

2. 설탕과 소금을 3번 나눠 넣어가며 섞어 줍니다.

3. 실온 상태의 달걀과 바닐라 익스트랙을 3번 나눠 넣어가며 골고루 섞어줍니다.

4. 체 친 박력분, 코코아파우더, 베이킹파우더, 베이킹소다 1/2을 넣고 날가루가 보이지 않을 때까지 섞어줍니다.

5. 실온 상태의 우유와 사워크림을 넣고 물기가 보이지 않을 때까지 섞어줍니다.

6. 남은 가루 재료를 넣고 날가루가 보이지 않을 때까지 섞어줍니다.

7. 다진 다크초콜릿과 밀크초콜릿을 넣고 가볍게 섞어줍니다.

8. 반죽을 짤주머니에 담아 머핀컵을 깐 팬에 90% 정도로 채워줍니다.

point 이 책에서 소개하는 케이크와 머핀 반죽, 프로스팅은 모두 사용하는 틀에 맞춰 배합을 계산했기 때문에 로스(남는 것)가 거의 없습니다. 책에서 사용한 것과 같은 틀을 사용한다면 6군데에 균일하게 나눠주시면 됩니다.

9. 청크초코칩을 올려줍니다.

10. 175℃로 예열된 오븐에서 10분간 굽고, 틀을 돌려 20분간 더 구워줍니다.

point 구워져 나온 후에는 틀째 5분 정도 식힌 후 틀에서 꺼내 식힘망 위에서 식혀줍니다.

옆으로 퍼진 머핀   정상적인 머핀

머핀틀(머핀컵)에 반죽을 너무 많이 담은 경우 반죽이 옆으로 넘쳐 타원형으로 구워질 수 있으므로, 틀 높이의 약 80~90% 정도로 반죽을 채워 구워주는 것이 좋습니다. 오븐의 열이 너무 센 경우에도 반죽이 한 쪽으로 쏠려 구워질 수 있으니 컵케이크를 구울 때는 꼭 중간에 틀을 돌려 위치를 바꿔 열이 골고루 전달될 수 있게 해주는 것이 좋습니다.

바나나 머핀

처치 곤란, 오래된 바나나를 발견했다면 이 날은 바나나 머핀을 굽는 날! 향이 진해진 완숙된 바나나를 으깨 반죽에 넣고 촉촉하게 구워주세요. 구운 머핀이 살짝 지겨워졌다면 머핀을 두껍게 슬라이스해 버터를 두른 팬에 노릇노릇 구워 토스트처럼 먹어도 좋아요.

Muffins

6개

Tools

빅머핀틀 6구
(윗지름 8.5cm, 아랫지름 6cm,
높이 4.5cm)

Ingredients

버터 160g
식용유 20g
황설탕 180g
달걀 135g
바닐라 익스트랙 2g
박력분 250g
베이킹소다 2g
베이킹파우더 2.5g

사워크림 30g
으깬 바나나 150g
구워 다진 호두 60g
슬라이스 바나나 6개
(토핑용)

1. 볼에 말랑한 상태의 버터, 식용유를 넣고 가볍게 섞어줍니다.

point 버터는 22℃ 내외로 준비해 사용합니다.

2. 황설탕을 3번 나눠 넣어가며 섞어줍니다.

3. 실온 상태의 달걀과 바닐라 익스트랙을 2번 나눠 넣어가며 골고루 섞어줍니다.

4. 체 친 박력분, 베이킹소다, 베이킹파우더 1/2을 넣고 날가루가 보이지 않을 때까지 섞어줍니다.

5. 실온 상태의 사워크림, 으깬 바나나를 넣고 물기가 보이지 않을 때까지 섞어줍니다.

6. 남은 가루 재료를 넣고 날가루가 보이지 않을 때까지 섞어줍니다.

7. 구워 다진 호두를 넣고 가볍게 섞어줍니다.

point   호두는 175℃에서 5분 정도 노릇하게 구운 후 식혀 사용합니다.

8. 반죽을 짤주머니에 담아 머핀컵을 깐 팬에 90% 정도로 채워줍니다.

point 이 책에서 소개하는 케이크와 머핀 반죽, 프로스팅은 모두 사용하는 틀에 맞춰 배합을 계산했기 때문에 로스(남는 것)가 거의 없습니다. 책에서 사용한 것과 같은 틀을 사용한다면 6군데에 균일하게 나눠주시면 됩니다.

9. 토핑용 슬라이스 바나나를 반죽 중앙에 올려줍니다.

10. 175℃로 예열된 오븐에서 10분간 굽고, 틀을 돌려 20분간 더 구워줍니다.

point 구워져 나온 후에는 틀째 5분 정도 식힌 후 틀에서 꺼내 식힘망 위에서 식혀줍니다.

베이컨 치즈 머핀

짭짤한 치즈 반죽 사이로 아삭하게 씹히는 양파, 고소한 베이컨, 향긋한 차이브까지! 씹으면 씹을수록 군침이 도는 베이컨 치즈 머핀입니다. 그냥 먹어도 맛있지만 따뜻하게 데워 신선한 야채 샐러드와 함께 먹으면 더욱 맛있게 즐길 수 있어요.

Muffins

6개

Tools

빅머핀틀 6구
(윗지름 8.5cm, 아랫지름 6cm,
높이 4.5cm)

Ingredients

식용유 약간	생크림 50g
양파 90g	다진 차이브 12g
베이컨 60g	파르메산치즈 50g
버터 130g	체다치즈 큐브 40g
식용유 40g	메추리알(토핑용) 6개
설탕 25g	파르메산치즈(토핑용) 50g
소금 5g	다진 차이브(토핑용) 4g
달걀 200g	
박력분 240g	
베이킹파우더 3g	
베이킹소다 1.5g	

1. 팬에 식용유를 두르고 2cm로 자른 양파와 베이컨을 각각 볶아줍니다.

2. 볼에 말랑한 상태의 버터, 식용유를 넣고 가볍게 풀어줍니다.

point 버터는 22℃ 내외로 준비해 사용합니다.

3. 설탕, 소금을 3번 나눠 넣어가며 섞어 줍니다.

4. 실온 상태의 달걀을 2번 나눠 넣어가며 골고루 섞어줍니다.

5. 체 친 박력분, 베이킹파우더, 베이킹소다 1/2을 넣고 날가루가 보이지 않을 때까지 섞어줍니다.

6. 실온 상태의 생크림을 넣고 물기가 보이지 않을 때까지 섞어줍니다.

7. 남은 가루 재료를 넣고 날가루가 보이지 않을 때까지 섞어줍니다.

8. 1과 다진 차이브, 강판에 곱게 간 파르메산치즈, 체다치즈 큐브를 넣고 가볍게 섞어줍니다.

9. 반죽을 짤주머니에 담아 머핀컵을 깐 팬에 90% 정도로 채워줍니다.

point 이 책에서 소개하는 케이크와 머핀 반죽, 프로스팅은 모두 사용하는 틀에 맞춰 배합을 계산했기 때문에 로스(남는 것)가 거의 없습니다. 책에서 사용한 것과 같은 틀을 사용한다면 6군데에 균일하게 나눠주시면 됩니다.

10. 반죽 중앙을 스푼으로 눌러 움푹하게 만들어줍니다.

11. 메추리알을 가위로 톡톡 친 다음 금이 간 부분에 가위를 넣고 껍질을 잘라줍니다.

12. 메추리알을 반죽 중앙에 올려줍니다.

13. 강판에 간 파르메산치즈를 뿌려줍니다.

14. 185℃로 예열된 오븐에서 10분간 굽고, 틀을 돌려 20분간 더 구워줍니다.

point 구워져 나온 후에는 틀째 5분 정도 식힌 후 틀에서 꺼내 식힘망 위에서 식혀줍니다.

15. 다진 차이브를 올려 마무리합니다.

이 책에서 사용한 머핀틀을 이용해 만드는 컵 디저트를 소개해요. 과일 퓌레로 다양하게 응용할 수 있는 치즈케이크, 쿠키와 브라우니가 합쳐진 재미있는 디저트 브루키, 버터바를 컵케이크 버전으로 탄생시킨 버터 컵까지. 머핀틀 하나로 다양한 디저트를 만들어보자구요!

L'école Caku
CUP DESSERT
RECIPE

Cup Cheesecake

컵 치즈케이크

오래 굽지 않아도 되고 하나씩 꺼내 먹기에도 좋은 컵 치즈케이크예요. 여기에서는 딸기 퓌레와 레드커런트 퓌레로 소스를 만들었지만, 다른 종류의 퓌레를 사용하고 어울리는 과일을 장식해 다양한 맛으로 응용할 수 있답니다. 나만의 취향저격 치즈케이크로 완성해보세요.

Cup Desserts

6개

Tools

머핀틀 6구
(윗지름 7cm, 아랫지름 5cm,
높이 3cm)

Ingredients

로투스 쿠키
로투스 40g
버터 7g

치즈케이크
크림치즈(kiri) 300g
설탕 68g
바닐라빈 1/6개
달걀 80g
생크림 15g
박력분 17g

딸기 소스
딸기 퓌레 45g
레드커런트 퓌레 45g
설탕 75g
NH펙틴 2g

기타
반으로 자른 딸기 6개

223

로투스 쿠키

1. 푸드프로세서에 로투스를 넣고 곱게 갈아줍니다.

2. 버터를 넣고 골고루 갈아줍니다.

딸기 소스

3. 냄비에 딸기 퓌레, 레드커런트 퓌레를 넣고 가열하다가 40℃가 되면 미리 섞어둔 설탕과 NH펙틴을 넣고 섞어주며 가열합니다.

4. 한번 끓어오르면 불에서 내려 식힌 후 짤주머니에 담아 사용합니다.

치즈케이크

5. 볼에 부드러운 상태의 크림치즈를 넣고 가볍게 풀어줍니다.

6. 설탕, 바닐라빈을 넣고 섞어줍니다.

7. 실온 상태의 달걀을 2번 나눠 넣어가면서 골고루 섞어줍니다.

8. 생크림을 넣고 섞어줍니다.

9. 체 친 박력분을 넣고 섞어줍니다.

10. 팬에 유산지를 깔고 로투스 쿠키를 넣어줍니다.

11. 숟가락으로 평평하게 눌러줍니다.

12. 반죽을 짤주머니에 담아 머핀컵을 깐 팬에 90% 정도로 채워줍니다.

point 이 책에서 소개하는 케이크와 머핀 반죽, 프로스팅은 모두 사용하는 틀에 맞춰 배합을 계산했기 때문에 로스(남는 것)가 거의 없습니다. 책에서 사용한 것과 같은 틀을 사용한다면 6군데에 균일하게 나눠주시면 됩니다.

13. 뜨거운 물을 부은 팬에 머핀팬을 얹은 상태로 170℃로 예열된 오븐에서 25분간 구운 후, 틀째 완전히 식힌 다음 꺼내줍니다.

point 뜨거운 물을 부은 팬에서 굽는 이유는 치즈케이크의 윗면이 터지지 않게 하기 위함입니다. 구워져 나온 후에는 틀째 5분 정도 식힌 후 틀에서 꺼내 식힘망 위에서 식혀줍니다.

마무리

14. 식은 치즈케이크 위에 딸기 소스를 뿌려줍니다.

15. 반으로 자른 딸기를 올려 마무리합니다.

point 딸기, 블루베리, 산딸기 등 원하는 과일을
올려도 좋습니다.

Brookie

브루키

브라우니와 쿠키를 한 번에 먹을 수 있는 독특한 디저트, 브루키입니다. 촉촉하면서도 쫀득한 브라우니 위에 초코칩 쿠키 반죽을 얹어 구운 브루키는 아무리 먹어도 질리지 않는 매력적인 메뉴죠. 초코칩 반죽 단독으로 구우면 초코칩 쿠키로, 브라우니 반죽 단독으로 구우면 브라우니로, 여기에서 소개한 것처럼 함께 구우면 브루키로 완성되는 재미있는 디저트랍니다.

Cup Desserts

6개

Tools

빅머핀틀 6구
(윗지름 8.5cm, 아랫지름 6cm,
높이 4.5cm)

Ingredients

초코칩 쿠키	브라우니
버터 50g	다크초콜릿 200g
황설탕 35g	(Belcolade 60days 74%)
설탕 10g	버터 100g
달걀 20g	흑설탕 60g
노른자 5g	황설탕 70g
소금 1g	달걀 165g
중력분 70g	사워크림 80g
베이킹소다 0.8g	중력분 43g
청크초코칩 70g	카카오파우더 7g
구운 호두 분태 20g	

초코칩 쿠키

1. 볼에 말랑한 상태의 버터를 넣고 가볍게 풀어줍니다.

point 버터는 22℃ 내외로 준비해 사용합니다.

2. 황설탕, 설탕(백설탕)을 2번 나눠 넣으면서 섞어줍니다.

3. 실온 상태의 달걀과 노른자, 소금을 넣고 섞어줍니다.

4. 체 친 중력분, 베이킹소다를 넣고 섞어줍니다.

5. 청크초코칩, 구운 호두 분태를 넣고 가볍게 섞어줍니다.

point 호두 분태는 175℃에서 5분 정도 노릇하게 구운 후 식혀 사용합니다.

브라우니

6. 볼에 다크초콜릿과 버터를 넣고 따뜻한 물이 담긴 볼에 받쳐 저어가며 녹여줍니다.

7. 흑설탕, 황설탕을 넣고 섞어줍니다.

8. 실온 상태의 달걀을 2번 나눠 넣어가며 섞어줍니다.

9. 실온 상태의 사워크림을 넣고 골고루 섞어줍니다.

10. 체 친 중력분, 카카오파우더를 넣고 날가루가 보이지 않을 때까지 섞어줍니다.

11. 반죽을 짤주머니에 담아 머핀컵을
깐 팬에 80% 정도로 채워줍니다.

point 이 책에서 소개하는 케이크와 머핀 반
죽, 프로스팅은 모두 사용하는 틀에 맞춰 배합
을 계산했기 때문에 로스(남는 것)가 거의 없습
니다. 책에서 사용한 것과 같은 틀을 사용한다면
6군데에 균일하게 나눠주시면 됩니다.

12. 15분간 냉장 보관해 굳혀줍니다.

13. 굳은 **12** 위에 넓적하게 빚은 초코
칩 쿠키 반죽을 올려줍니다.

point 초코칩 쿠키 반죽은 6등분(약 45g)해
넓적하게 빚어 사용합니다.

14. 170℃로 예열된 오븐에서 30분간 구
운 후, 틀째 완전히 식힌 다음 꺼내줍니다.

point 구워져 나온 후에는 틀째 5분 정도 식힌 후
틀에서 꺼내 식힘망 위에서 식혀줍니다.

Maple Butter Cup

메이플 버터 컵

최근 유행하고 있는 버터바를 컵케이크 버전으로 만들어본 메뉴예요. 촉촉한 케이크와 고소한 사블레, 그리고 바삭한 소보로의 세 가지 맛과 식감을 한 번에 느낄 수 있는 겉바 속촉 디저트랍니다. 메이플 시럽의 달콤함과 버터 향이 가득한 케이크의 풍부한 맛을 느껴보세요.

Cup Desserts

6개

Tools

머핀틀 6구
(윗지름 7cm, 아랫지름 5cm,
높이 3cm)

Ingredients

소보로	메이플 사블레	버터 케이크
버터 25g	버터 30g	버터 96g
황설탕 30g	황설탕 15g	황설탕 117g
달걀 8g	소금 0.3g	소금 1.5g
박력분 55g	노른자 3g	달걀 45g
아몬드가루 10g	메이플시럽 10g	메이플 익스트랙 1.5g
다진 슬라이스 아몬드 25g	박력분 40g	(올리브네이션 퓨어 메이플 익스트랙)
	아몬드가루 20g	물엿 30g
		생크림 23g
		중력분 108g

소보로

1. 볼에 말랑한 상태의 버터를 넣고 가볍게 풀어줍니다.

2. 황설탕을 3번 나눠 넣어가며 섞어줍니다.

3. 실온 상태의 달걀을 넣고 골고루 섞어줍니다.

4. 체 친 박력분, 아몬드가루, 다진 슬라이스 아몬드를 넣고 저속으로 가볍게 섞어줍니다.

5. 동글동글한 덩어리가 생기면 믹싱을 멈추고 주걱으로 정리해줍니다.

point 완성된 소보로는 10분간 냉동 보관해 굳힌 후 사용합니다.

메이플 사블레

6. 볼에 말랑한 상태의 버터를 넣고 가볍게 풀어줍니다.

point 버터는 22℃ 내외로 준비해 사용합니다.

7. 황설탕, 소금을 넣고 섞어줍니다.

8. 실온 상태의 노른자와 메이플 시럽을 넣고 섞어줍니다.

9. 체 친 박력분, 아몬드가루를 넣고 섞어줍니다.

10. 재료가 골고루 섞이면 마무리합니다.

11. 만들어진 반죽을 6개로 분할해 동그랗게 만든 후 머핀컵 바닥에 놓습니다.

12. 손으로 고르게 눌러 넓적하게 펴줍니다.

13. 170℃로 예열된 오븐에서 7분간 구워줍니다.

버터 케이크

14. 볼에 말랑한 상태의 버터를 넣고 가볍게 풀어줍니다.

point 버터는 22℃ 내외로 준비해 사용합니다.

15. 황설탕, 소금을 2번 나눠 넣어가며 섞어줍니다.

16. 실온 상태의 달걀, 메이플 익스트랙을 넣고 골고루 섞어줍니다.

17. 실온 상태의 물엿과 생크림을 넣고 물기가 보이지 않을 때까지 섞어줍니다.

18. 체 친 중력분을 넣고 날가루가 보이지 않을 때까지 섞어줍니다.

19. 반죽을 짤주머니에 담아 구워져나온 메이플 사블레 위에 90% 정도로 채워줍니다.

point 이 책에서 소개하는 케이크와 머핀 반죽, 프로스팅은 모두 사용하는 틀에 맞춰 배합을 계산했기 때문에 로스(남는 것)가 거의 없습니다. 책에서 사용한 것과 같은 틀을 사용한다면 6군데에 균일하게 나눠주시면 됩니다.

20. 반죽 위에 소보로를 얹어줍니다.

21. 170℃로 예열된 오븐에서 25분간 구운 후, 틀째 완전히 식힌 다음 꺼내줍니다.

point 구워져 나온 후에는 틀째 5분 정도 식힌 후 틀에서 꺼내 식힘망 위에서 식혀줍니다.

컵케이크 & 머핀 보관법

● 프로스팅(크림)이나 토핑이 올라가지 않은 제품

구워져 나온 컵케이크나 머핀은 바로 소진하지 않을 경우 충분히 식힌 뒤 냉장 또는 냉동 보관합니다. 냉장 보관하는 경우 일주일 안에 소진하는 것을 권장하며, 냉동 보관하는 경우 최대 한 달 동안 보관하며 사용할 수 있습니다.

● 프로스팅류

생크림 프로스팅은 반드시 만든 즉시 사용해야 합니다. 버터 프로스팅은 냉장고에서 5일, 냉동고에서 10일 동안 보관하며 사용할 수 있습니다. 냉동한 프로스팅은 하루 전날 냉장고로 옮겨 충분히 해동시킨 후 다시 실온으로 옮겨 완전히 부드러운 상태가 될 때까지 둔 다음 거품기로 풀어 사용합니다.

● 프로스팅이 올라간 제품

생크림 프로스팅이 올라간 제품은 냉장고에 보관하며 3일 안에 소진하는 것을 권장합니다. (냉동 보관은 불가능합니다.) 버터 프로스팅이 올라간 제품은 냉장고에 보관하며 5일 안에 소진하는 것을 권장하며, 차가운 상태로 먹는 것보다 실온에서 30분 정도 두어 냉기를 뺀 후 먹는 것이 더 맛있게 먹는 방법입니다. 냉동 보관하는 경우 10일 안에 소진하는 것을 권장하며, 전날 냉장고에 옮겨 충분히 해동한 후 실온에서 30분 정도 냉기를 뺀 후 먹는 것이 더 좋습니다.

남은 컵케이크로 케이크 팝 만들기

컵케이크가 조금 지겨워졌다면! 한 입에 쏙 달콤한 케이크팝을 만들어보세요. 케이크를 보슬보슬한 상태로 부서준 후 컵케이크에 사용했던 프로스팅 크림으로 되기를 맞춰주세요. 한 입 크기로 만들어 초콜릿으로 코팅하면 끝! 아이들 간식으로도, 선물용으로도 너무 좋은 디저트랍니다.

1. 프로스팅(크림)이 있는 컵케이크의 경우 케이크와 프로스팅을 분리합니다.

2. 케이크를 손으로 가볍게 비벼 고운 소보로 상태로 만들어줍니다.

3. 케이크 부피의 약 1/4 정도의 프로스팅(크림)과 함께 가볍게 섞어줍니다.

4. 케이크가 뭉쳐질 정도로 되기를 맞춰줍니다.

- 케이크가 잘 뭉쳐지지 않는다면 프로스팅을 조금씩 추가해가며 되기를 맞춰줍니다.

5. 막대사탕 크기 정도로 동그랗게 모양을 만들어줍니다.

6. 막대에 꽂아 고정시켜줍니다.

7. 냉동실에 두고 1시간 정도 얼려줍니다.

8. 녹인 코팅초콜릿에 코팅합니다.

9. 초콜릿이 굳기 전에 원하는 색과 모양의 스프링클이나 장식용 재료를 뿌리고 굳혀 마무리합니다.

프랑스 향토 과자 : 프랑스로 떠나는 과자 여행

도서 자세히 보기

360p, 29,000원

현대 제과의 다양성과 창조성의 원천이 된 과자들의 원형과 탄생 이야기, 그리고 만드는 방법을 담았습니다. 과거와 현재가 연결되어 있듯 그 옛날의 과자를 통해 현대 제과에서의 다양한 가능성과 무한한 영감을 떠올릴 수 있을 것입니다. 또한 이 책에 담긴 향토 과자에서 현대 과자의 원형을 발견하거나, 현대 과자에서 향토 과자의 옛 모습을 발견하는 재미도 느낄 수 있습니다.

레꼴케이쿠 쿠키 북

도서 자세히 보기

216p, 24,000원

버터 향 가득한 기본 쿠키는 물론 볼 하나로 간편하게 완성하는 아메리칸 쿠키, 달콤한 가나슈·부드러운 크림·상큼한 잼을 넣은 샌딩 쿠키, 두 가지 반죽을 돌돌 말아 썰어 굽는 쿠키, 초콜릿을 입히거나 향긋한 가루 재료에 굴려 완성하는 쿠키 등 쿠키 맛집 레꼴케이쿠의 인기 쿠키를 모두 담았습니다. 베이킹 초보자라도 쿠키의 기본 공정을 자세히 담은 영상, 생략 없는 상세 사진과 친절한 설명으로 완성도 높은 쿠키를 만들 수 있습니다. 또한 쿠키의 보관 방법을 반죽과 구워진 쿠키로 나누고 각 레시피에 맞는 보관 방법과 기한을 명시해 판매용으로 활용하기에도 좋으며, 책에서 설명하는 다양한 팁과 보너스 레시피를 참고해 다양하게 응용할 수 있습니다.

레꼴케이쿠 플랑 & 파이 북

도서 자세히 보기

264p, 26,000원

브리제 반죽, 푀이테 반죽, 브리제 반죽과 푀이테 반죽의 응용 버전 6가지, 그리고 플랑과 파이에 맛있게 어울리는 24가지 필링 레시피를 소개합니다. 각 반죽의 특징과 장단점을 상세히 설명해 취향에 따라 작업 환경에 따라 선택할 수 있으며, 책에서 제안하는 방법 외에도 다양한 조합으로 완성할 수 있습니다. 또한 반죽 공정을 손반죽, 푸드프로세서, 반죽기로 세분화해 여건에 맞춰 작업할 수 있으며 빠른 시간 안에 효율적으로 대량 생산을 해야 하거나 보다 간편하게 만들고 싶은 이들을 위해 시판 냉동 생지의 사용법에 대해서도 설명합니다.